实例款式彩色图片索引

（说明：见p.8,即见本书正文第8页。后同）

1（见p.8）　　2（见p.9）　　3（见p.10）　　4（见p.11）

5（见p.12）　　6（见p.13）　　7（见p.14）　　8（见p.15）

9（见p.15）　　10（见p.16）　　11（见p.17）　　12（见p.18）

13（见p.19）   14（见p.20）   15（见p.21）   16（见p.22）

17（见p.23）   18（见p.24）   19（见p.25）   20（见p.26）

21（见p.27）   22（见p.28）   23（见p.29）   24（见p.30）

25（见p.31）　　　26（见p.32）　　　27（见p.33）　　　28（见p.34）

29（见p.35）　　　30（见p.35）　　　31（见p.36）　　　32（见p.37）

33（见p.38）　　　34（见p.39）　　　35（见p.39）　　　36（见p.40）

37（见p.41）

38（见p.42）

39（见p.43）

40（见p.44）

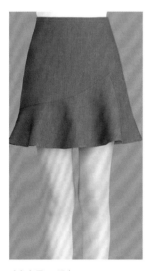

41（见p.45）

42（见p.46）

43（见p.47）

44（见p.48）

45（见p.49）

46（见p.50）

47（见p.51）

48（见p.52）

49（见p.53） 50（见p.54） 51（见p.55） 52（见p.56）

53（见p.57） 54（见p.57） 55（见p.58） 56（见p.59）

57（见p.60） 58（见p.68） 59（见p.69） 60（见p.70）

61（见p.71）

62（见p.72）

63（见p.73）

64（见p.74）

65（见p.75）

66（见p.76）

67（见p.77）

68（见p.78）

69（见p.79）

70（见p.80）

71（见p.81）

72（见p.82）

73（见p.83）

74（见p.84）

75（见p.85）

76（见 p.86）   77（见 p.87）   78（见 p.88）   79（见 p.89）

80（见 p.90）   81（见 p.91）   82（见 p.92）   83（见 p.93）

84（见 p.94）   85（见 p.95）   86（见 p.96）   87（见 p.97）   88（见 p.98）

89（见p.99）　　90（见p.100）　　91（见p.101）　　92（见p.102）

93（见p.103）　　94（见p.104）　　95（见p.105）　　96（见p.106）

97（见p.107）　　98（见p.108）　　99（见p.109）　　100（见p.110）

服装裁剪手册系列丛书

时尚女下装100款及裁剪

邹平 张宁 编著

东华大学出版社·上海

前　言

　　服装结构设计是一门从造型艺术角度去研究与探讨人体结构与服装款式关系的学科。下装与上装各占据着服装的半壁江山，下装包含裙装、裤装，其式样千变万化，造型极其丰富，而且裤子的内部结构复杂，因此下装是服装款式设计的重点之一，也是服装结构设计的难点之一。

　　随着经济的发展与社会的进步，人们的衣着打扮已不断趋向多样化与个性化。特别是高级成衣及时装等更呈现出风格各异、样式时尚、结构多变的特点。鉴于此，研究下装的款式及结构设计方法，以快捷地获得优美、合理的下装造型与板型，实现表达设计师所追求的独特的着装风格。本书由浅入深地剖析了各种裙装、裤装的结构设计原理与方法及应用实例，帮助读者理清下装款式设计的核心知识。实际上，从 A 字裙到喇叭裙，再到鱼尾裙等各种裙型的结构，基本都是在直身裙基础上进行变化而来的，因此裙装的结构设计原理其实都遵循直身裙的结构设计原理。裤装亦是如此。为使理论密切结合实际，本书所有的结构设计实例均采用实物图，款式时尚感较强，实用性较强。

　　全书分上篇和下篇：上篇为裙装的款式及结构设计实例，下篇为裤装的款式及结构设计实例。其主要内容包括裙装及裤装造型概述，裙、裤装结构设计基本原理以及款式与结构设计的经典实例等。本书通过丰富且具有代表性的时尚女下装 100 款实例的款式与结构设计分析，由浅入深地介绍了各种下装造型的结构设计原理、制图方法及变化应用，内容完整系统，重点突出，具有很强的实用性和可操作性。书中内容通俗易懂，涵盖面广。

　　本书的作者长期以来工作在服装结构与设计教育第一线。全书在服装结构理论及实践的基础上，经多次实践、多次修改、多次易稿而成。本书上篇第一章由邹平撰写，第二章由刘欣悦撰写，第三章、第四章、第五章、第六章由宋莹撰写。下篇第一章由邹平撰写，第二章由宋莹撰写，第三章、第四章、第五章由张宁撰写。全书由邹平统稿。

　　借本书出版之际，对给予我们各方面无私帮助的所有同仁们致以深深的谢意！鉴于作者水平有限，书中尚有不妥之处，恳请同行、专家们给予指正。

邹平

目 录

上 篇

裙装

第一章　裙装分类与结构设计原理

第一节　裙装分类

裙子指围在腰部以下的服装，无裆缝，是下装的基本形式之一。广义的裙子还包括连衣裙、衬裙、短裙、裤裙。裙子一般由裙腰和裙身构成，但有的只有裙身而无裙腰。

通常可根据裙装的造型形态、腰线高低以及裙长来对裙装进行不同的分类。

一、按裙装造型形态分类

根据裙装的造型形态，通常可以把裙装分为直身裙、A字裙、喇叭裙及鱼尾裙。

1. 直身裙

直身裙又叫直筒裙，是裙装中的最基本款式，特点是裙子的腰部至臀部较为合体，臀围至裙摆处基本呈直线造型。有时为了方便穿着者跨步，会在接近裙摆处设置开衩。见图1.1。

2. A字裙

A字裙指的是从腰部到臀部相对合体，臀部至裙摆处向外展开呈A字造型的裙装款式。见图1.2。

3. 喇叭裙

喇叭裙又称斜裙、波浪裙和圆裙。这一类的裙装通常在腰部没有省道，在外形上是上小下大，呈放射状。悬垂下来后呈现波浪造型；裙摆可以为圆形、方形，左右或前后不对称等造型变化。这一类裙装由于在裁剪的时候，臀围的放松量较为充裕，因此一般不把臀围作为控制尺寸，只量取腰围即可进行裁剪。见图1.3。

4. 鱼尾裙

鱼尾裙指裙底部呈鱼尾状的裙子。这一类裙装在腰部、臀部及裙子中部位置多为合体造型，向下逐步放大，至裙摆处展开呈鱼尾状。鱼尾开始展开的位置及大小根据款式需要而定。见图1.4。

二、按腰线高低分类

根据裙装的腰围线高低可以把裙子分为三类：低腰裙、中腰裙和高腰裙。

1. 低腰裙

裙子的腰围线低于人体的腰围线，这一类

图1.1　直身裙款式图

图1.2　A字裙款式图

图1.3　喇叭裙款式图

图1.4　鱼尾裙款式图

裙子统称为低腰裙。见图1.5。

2. 中腰裙

裙子的腰围线与人体的腰围线相吻合，这一类裙子统称为中腰裙。见图1.6。

3. 高腰裙

裙子的腰围线高于人体的腰围线，这一类裙子统称为高腰裙。见图1.7。

图1.6　中腰裙款式图

图1.7　高腰裙款式图

（左图）图1.5　低腰裙款式图

三、按裙长分类

根据裙装的裙长，通常可以把裙装分为超短裙、短裙、中长裙及长裙。

1. 超短裙

裙长在人体大腿中部以上位置的裙装通常称为超短裙。见图1.8。

2. 短裙

裙长在人体大腿中部至膝盖处的裙装称为短裙。见图1.9。

3. 中长裙

裙长在人体膝盖以下，但是长度不超过小腿肚的裙子称为中长裙。见图1.10。

4. 长裙

裙长在人体小腿肚以下的裙子称为长裙。见图1.11。

图1.8　超短裙款式图

图1.9　短裙款式图

图1.10　中长裙款式图

图1.11　长裙款式图

第二节 裙装结构设计原理

裙装造型丰富多变，但其结构设计的基本原理是相通的。一般可以直身裙为造型基础，通过平面展开获得平面样板，分析相关人体数据与裙装构成要素的关系，在此基础上对裙子的结构原理进行研究。

一、直身裙立体形态与人体的关系

图1.12所示是人体下半身被纸样或面料包裹后所呈现的形态，这可以作为直身裙的基本立体形态。形成的圆柱体在前方与人体腹部突出部位相接触，前侧面约在肠棘点部位相接触，侧面与体侧的突出点相接触，后面与臀部后突点相接触，即直身裙的基本立体结构是以人体下半身各个方向上的突出点为接触点，由此垂直向下形成柱状形态，将该圆柱体展开，则形成横向臀围为a、纵向裙长为b的长方形。而直身裙立体形态的上部与人体之间存在着一定的空隙，从腰围线到臀围线的人体体表曲面是类

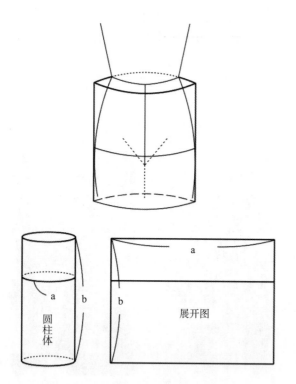

图1.12 直身裙基本立体形态和平面展开图

似于椭圆球面的复合曲面，如图1.13所示。为了符合人体的立体形态，需要在腹部利用省道及其他方法使圆柱体与人体形态相贴合。

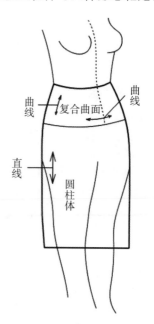

图1.13 裙子的曲面构成

二、裙装省道与人体腰臀差的关系

省道的作用是为了使裙装更为合体，更符合人体的曲线造型。在裙装结构设计中，省道的位置及省量大小的确定通常有以下几种方法：（1）立体裁剪法；（2）通过腰臀截面图进行计算的方法；（3）利用石膏定型法；（4）三维复制展开法等。利用这些方法可以确定裙装中省量的位置及大小。本书以人体腰臀截面重合图为依据，通过计算与测量确定省道位置及大小。

1. 省道位置的确定

图1.14是人体腰围与臀围的截面重合图。图中细实线表示的是人体腰围和臀围的截面，粗实线表示的是直身裙臀围的截面，O′点是重合图中假设的曲率中心。以一定角度间隔加入分割线，各区间裙装臀围与腰围的差值即为各部位的省量数值。从图中可以看出，在后中心

线与前中线处，省量较小，而在裙装侧缝等曲率变化较大的位置，省量大小相对较大。因此，不难看出，省道的位置及省量大小是由腰围和臀围的截面曲率共同决定的，在前后中心线附近基本上不需要设置省道，从斜侧面到侧面应在腰围线处根据实际情况设置省道。

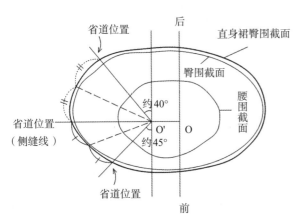

图1.14　腰省的确定（一个省道的情况）

前后各有一个省道的位置分别位于从O′点开始于前、后中心矢状方向分别为45°和40°的位置。当单个省道大小超过4cm时，应将省道进行分解变成两个省道，如图1.15所示，前片省道的位置大约在前中矢状方向35°~40°夹角的直线上以及该直线与侧缝线的中间位置附近，即省道的位置基本是沿着直身裙臀围截面的法线方向。另外，侧缝线也是一个省道的位置。

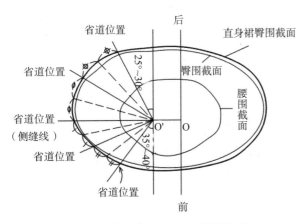

图1.15　腰省的确定（两个省道的情况）

2. 省量大小的确定

确定省道位置之后，如图1.16所示确定省道数量，前片一个省道，后片两个省道。分别测量各省道中心线之间以及前、后中心线与相邻省道中心线之间裙装臀围与腰围的尺寸差，即为各个省道的省量。将重合图中得到的省量绘制在样板中，可以得到直身裙的结构图。其中省道位置由截面图中从前、后中心线开始到每一个省道以及两个省道之间的距离来决定，对应在腰围线上分别为a′、b′……e′，裙装臀围线上则是a、b……e，则前后裙片的省量即为a′−a，后裙片的省量采用同样的计算方法。

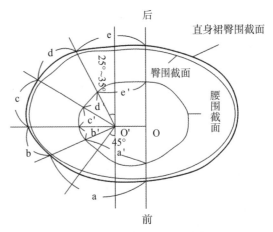

图1.16　省量大小的确定

通常，若设裙装臀围为H，腰围为W，则总省量为（H−W）/2，记作●，前后裙片省量的分配可为：前腰省＝●/5+1cm，侧缝撇进量＝2●/5−0.5cm，后腰省＝2●/5−0.5cm。随着臀围宽松量的增加，侧缝撇进量可以在0.5~3cm变化，裙片内的省量一般控制在1.5~3cm。

3. 腰围、臀围放松量与人体运动的关系

在日常的生活中，人体的下肢运动量及运动频率相对其他部位较多，从而也会对裙装的腰围和臀围产生影响，因此在裙装的制板过程中，必须要给腰围和臀围加入适当的放松量。该放松量的范围一般为人体在自然状态下的动作幅度。腰围、臀围所需松量见表1.1、表1.2。

表1.1 腰围所需松量

人体姿势	动作范围	平均增大值（cm）
正常直立	45° 前屈	1.1
	90° 前屈	1.8
正常坐在椅子上	正坐	1.5
	90° 前屈	2.7
座地而坐	正坐	1.6
	90° 前屈	2.9

表1.2 臀围所需松量

人体姿势	动作范围	平均增大值（cm）
正常直立	45° 前屈	0.6
	90° 前屈	1.3
正常坐在椅子上	正坐	2.6
	90° 前屈	3.5
座地而坐	正坐	2.9
	90° 前屈	4.0

4. 裙装下摆围度与人体运动的关系

人体的下肢在各种活动中的动作幅度最大。通常下肢运动的种类包括行走、跑跳、抬腿、弯腿等动作。对于裙装而言，必须适应人体下肢的大幅度运动，否则人体在运动的时候便会受到束缚，从而产生不适，不仅使人体运动受阻还会对裙装面料造成损坏。因此在裙装的裁剪和制作过程中，必须将裙装款式造型与人体下肢运动范围充分结合，使裙装的裙摆尺寸符合人体下肢的运动需求。图1.17所示为一般情况下女性以平均步幅行走时下摆围度与裙长的关系。当裙长增长时，裙装的下摆围度尺寸必须随之增大，这样才能满足人体下肢的动作需求。对于相对紧身的裙装而言，当裙装长度超过人体膝盖的时候，步行所需的裙摆的活动量就会变得不足，所以必须在结构上加以弥补，通常就会采用开衩或加入褶裥的方法来增大裙装下摆的活动量。开衩的长度一般在膝围线以上15~18cm的位置。

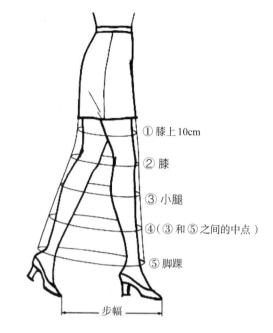

① 膝上10cm
② 膝
③ 小腿
④（③和⑤之间的中点）
⑤ 脚踝

步幅

部位	平均数据(cm)
步幅	67
① 膝围线上	94
② 膝围处	100
③ 小腿上部	126
④ 小腿下部	134
⑤ 脚踝	146

图1.17 行走时下摆围度与裙长的关系

5. 裙装腰线与人体腰臀部位的关系

采用立体裁剪的方法得到直身裙的立体形态，展开图如图1.18所示，图中裙处于水平状态，但是人体的前部、侧部和后部的臀高不完全相同，如图1.19所示，因此展开图中的腰围线在前、侧、后呈现出不同高低的曲线。由于人体的自然腰围线在后腰部呈稍下落的状态，展开图中腰围线在后中心也会呈现稍微下落的状态，一般下落0.5~1.5cm（常取1cm），在侧缝处增加0.7~1.2cm。最后，裙装腰围线还要根据省道缝合后的状态进行修正。

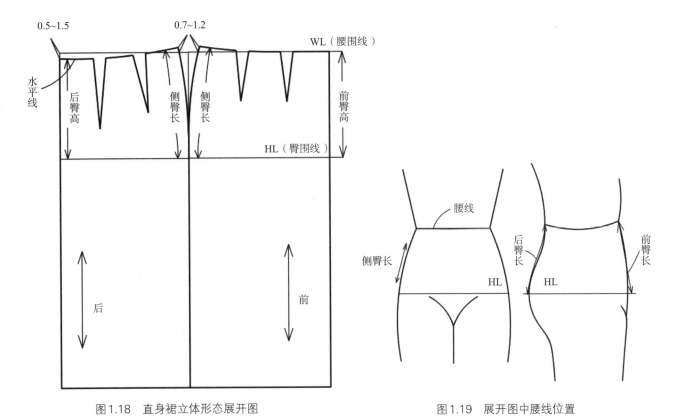

图1.18 直身裙立体形态展开图

图1.19 展开图中腰线位置

三、裙装原型的结构制图

裙装原型的规格设计在国家标准中女性中间体的人体尺寸（身高160cm，腰围68cm，臀围90cm）基础上进行加放，得到最终的裙装原型规格尺寸：腰围（W）=68cm；臀围（H）=90cm+4cm=94cm；臀高=18cm；裙长（L）=60cm。其具体的平面结构制图如图1.20所示。

（说明：本书中裙装实例采用原型制图法所需原型结构制图参照图1.20。）

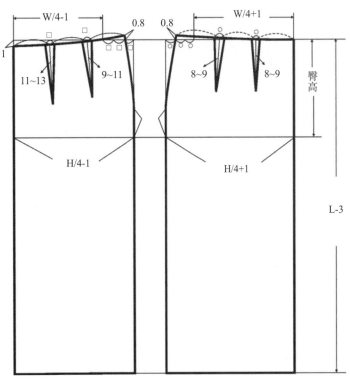

图1.20 裙装原型结构制图

第二章 直身裙款式及结构设计实例

一、斜向育克偏襟直身裙

（1）款式特点：不对称造型、斜向分割的育克以及偏门襟的设计。见图2.1。

（2）结构制图：采用原型制图法（裙装原型见本书p.7中，后同）。裙长54cm，臀围94cm，腰围68cm，无腰。育克高度分别在裙侧缝6cm和12cm处。偏襟结构位置为：右前片臀围线二分之一处，左前片裙摆处长于右前片4cm。见图2.2。

图2.1 斜向育克偏襟直身裙款式图

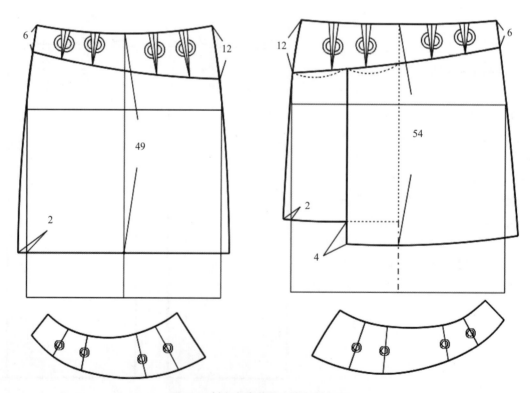

图2.2 斜向育克偏襟直身裙结构图

二、斜向双层直身裙

（1）款式特点：前身斜向开衩及双层设计、长度及膝的。见图2.3。

（2）结构制图：采用直接制图法。内层结构裙长36cm；外层裙片裙长57cm，腰头宽4cm；前身裙片由左向右设有斜向开衩。见图2.4、图2.5。

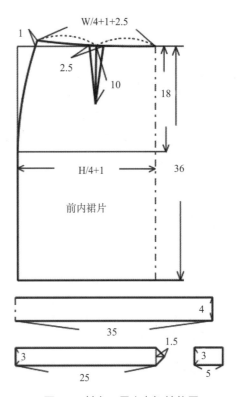

图2.3　斜向双层直身裙款式图

图2.4　斜向双层直身裙结构图

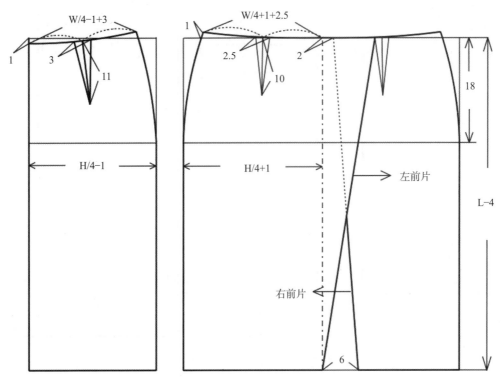

图2.5　斜向双层直身裙结构图

三、前中心开衩不对称直身裙

（1）款式特点：裙子前中心裙摆处设有开衩，右侧有休闲口袋设计。见图2.6。

（2）结构制图：采用直接制图法。裙长58cm，臀围90cm，腰围68cm；裙子腰部结构属于高腰结构；左前片较右前片长7cm，开衩12cm。右裙片设有贴袋。见图2.7。

图2.6　前中心开衩不对称直身裙款式图

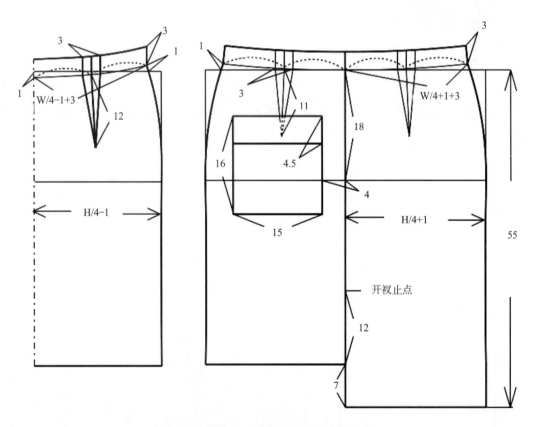

图2.7　前中心开衩不对称直身裙结构图

四、斜向褶贴体直身裙

（1）款式特点：侧缝为典型的直身裙造型，腰部有半分割育克，裙身有斜向褶。见图2.8。

（2）结构制图：采用直接制图法。裙长55cm，臀围94cm，腰围68cm；前裙片育克高为7cm，后裙身设有开衩；前裙身斜向褶剪开展开4cm宽。见图2.9、图2.10。

图2.8 斜向褶贴体直身裙款式图

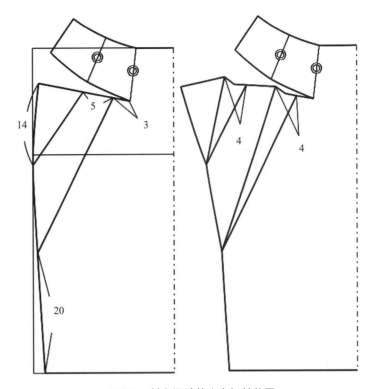

图2.9 斜向褶贴体直身裙结构图

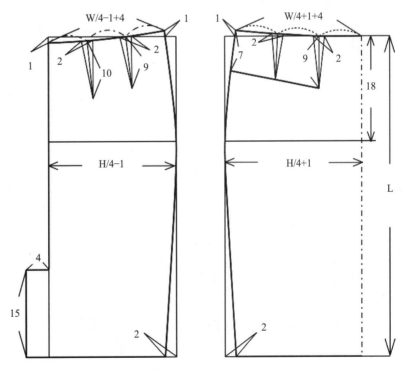

图2.10 斜向褶贴体直身裙结构图

五、前片荷叶边装饰直身裙

（1）款式特点：传统直身裙的前身两侧在省道位置设计有荷叶边装饰。见图2.11。

（2）结构制图：采用直接制图法。裙长63cm，臀围94cm，腰围70cm；前裙片荷叶边按造型需要分别展开5cm和8cm。见图2.12、图2.13。

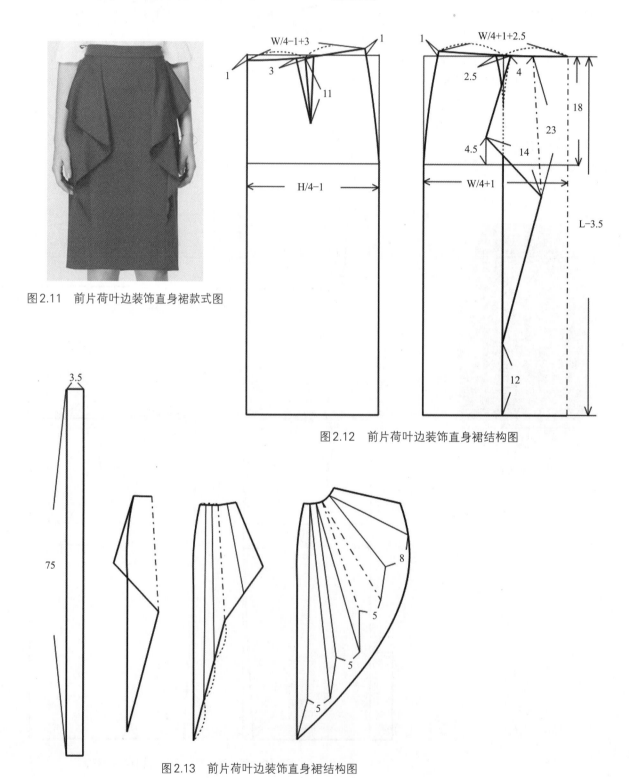

图2.11　前片荷叶边装饰直身裙款式图

图2.12　前片荷叶边装饰直身裙结构图

图2.13　前片荷叶边装饰直身裙结构图

六、创意侧缝直身裙

（1）款式特点：侧缝位置向前偏离并加上拉链设计，以及裙摆的不对称，非常具有创意。见图2.14。

（2）结构制图：采用直接制图法。裙长60cm，臀围92cm，腰围68cm，左侧裙摆较右侧短4cm，侧缝由后向前偏移6cm。见图2.15。

图2.14 创意侧缝直身裙款式图

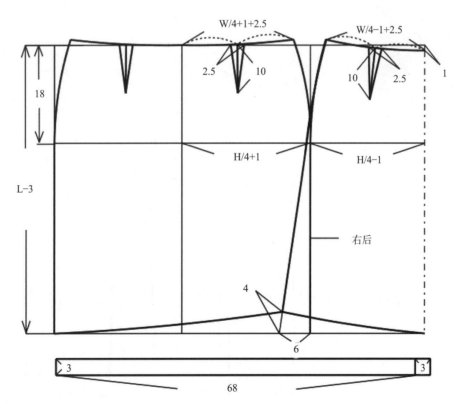

图2.15 创意侧缝直身裙结构图

七、弧线分割直身裙

（1）款式特点：裙腰部设计有装饰袋盖，侧缝至裙摆处有弧线分割，整个造型别具特色。见图2.16。

（2）结构制图：采用直接制图法。裙长56cm、臀围94cm、腰围70cm；将前裙片省道合并，并在侧缝出设计弧线分割。见图2.17、图2.18。

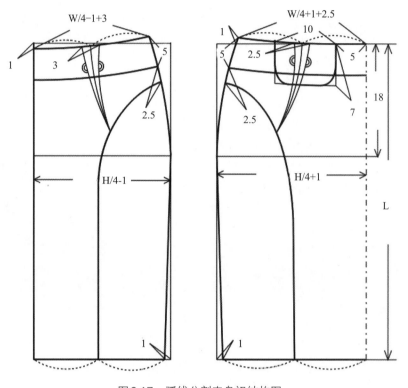

图2.17　弧线分割直身裙结构图

图2.16　弧线分割直身裙款式图

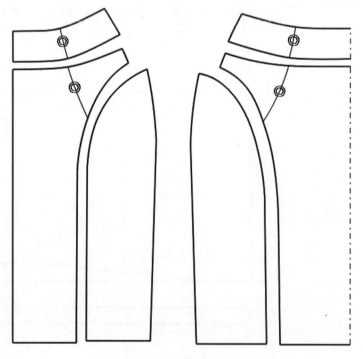

图2.18　弧线分割直身裙结构图

八、双排扣斜襟直身裙

（1）款式特点：高腰、前身双排扣、斜襟造型。见图2.19。

（2）结构制图：采用直接制图法。裙长53cm，臀围92cm，腰围68cm，裙腰高5cm，门襟宽为5cm，并设计有袋盖。见图2.20。

图2.19 双排扣斜襟直身裙款式图

九、裙长不对称有口袋直身裙

（1）款式特点：直身裙款式，不对称的裙长设计，有袋盖的明贴袋及前门襟有装饰。见图2.21。

（2）结构制图：采用直接制图法。裙长分别为50cm，53cm，臀围94cm，腰围68cm，腰头宽3.5cm，左前片设有14cm宽、15cm高的明贴袋。见图2.22。

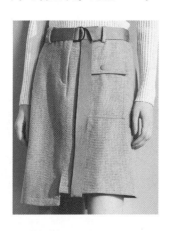

图2.21 裙长不对称有口袋直身裙款式图

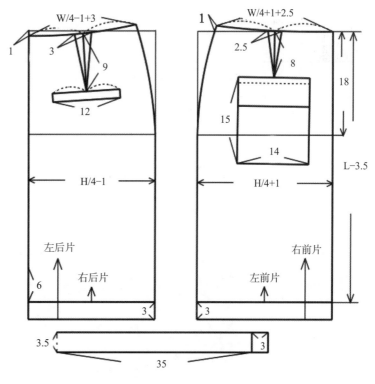

图2.20 双排扣斜襟直身裙结构图

图2.22 裙长不对称有口袋直身裙结构图

图2.23 前身开衩直身裙款式图

十、前身开衩直身裙

（1）款式特点：裙前身上部有荷叶边，裙身前部有斜向且不对称的拉链设计以及裙摆处的开衩造型，显得优雅时尚。见图2.23。

（2）结构制图：采用原型制图法。裙长70cm，臀围92cm，腰围68cm，腰部设有斜向省道，侧缝6cm处开始进行弧线分割，并在前裙片设有开衩。见图2.24、图2.25。

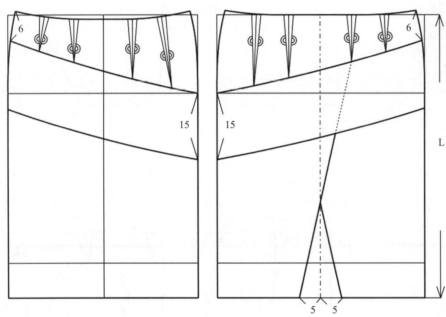

图2.24 前身开衩直身裙结构图

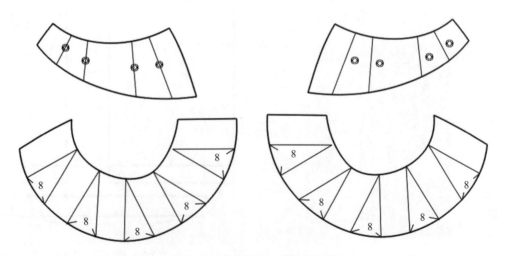

图2.25 前身开衩直身裙结构图

十一、前中心不规则直身裙

（1）款式特点：前中心门襟设计独特，并采用明线装饰。见图2.26。

（2）结构制图：采用直接制图法。裙长54cm，臀围90cm，腰围68cm，前裙片中心处为不规则结构，腰部设有月牙形口袋，裙后片设有育克结构。见图2.27、图2.28。

图2.26　前中心不规则直身裙款式图

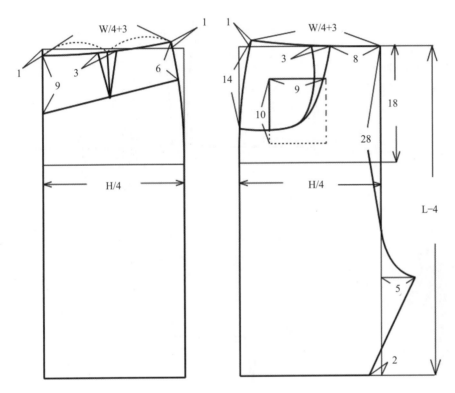

图2.27　前中心不规则直身裙结构图

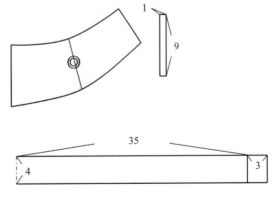

图2.28　前中心不规则直身裙结构图

第三章　A字裙款式及结构设计实例

一、偏襟系扣A字裙

（1）款式特点：该款为无腰偏门襟设计，偏襟处独特的系扣以及短款的裙长，显得格外别致。见图3.1。

（2）结构制图：采用原型制图法。裙长54cm，臀围98cm，腰围68cm，为无腰裙；臀围在臀围线处前后各加放0.5cm；裙摆处向外画出2cm，偏襟宽9cm。见图3.2、图3.3。

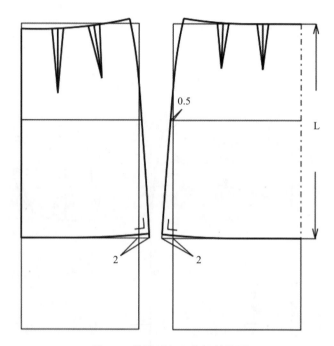

图3.2　偏襟系扣A字裙结构图

图3.1　偏襟系扣A字裙款式图

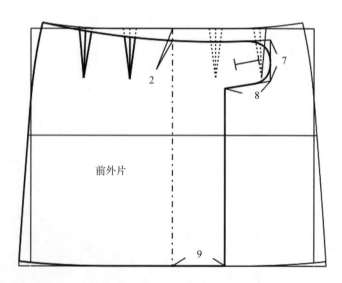

前外片

图3.3　偏襟系扣A字裙结构图

二、门襟系扣褶裥A字裙

（1）款式特点：该款A字裙前片的门襟及褶裥设计，配以斜插袋以及及膝的裙长造型，显得端庄优雅。见图3.4。

（2）结构制图：采用原型制图法。裙长58cm，腰围68cm；将原型中前后裙片中的省量，分别合并掉一个，裙摆向外展开4cm。见图3.5、图3.6。

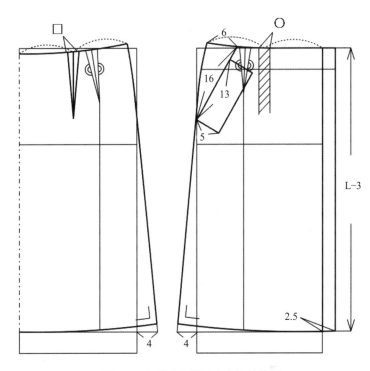

图3.5　门襟系扣褶裥A字裙结构图

图3.4　门襟系扣褶裥A字裙款式图

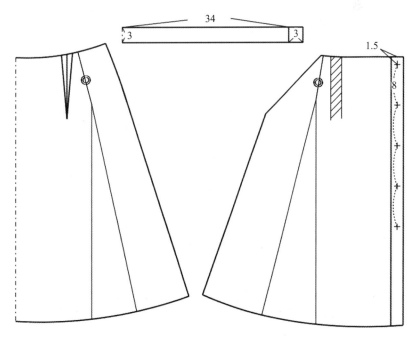

图3.6　门襟系扣褶裥A字裙结构图

三、弧形偏门襟系扣A字裙

（1）款式特点：裙子前中心搭门采用弧形偏襟设计，门襟上部为斜向系扣处理，配上短款裙长，显得造型设计感十足。见图3.7。

（2）结构制图：采用原型制图法。裙长40cm，腰围70cm；将原型省道合并成一个省道，位于腰围线二分之一处。见图3.8~图3.10。

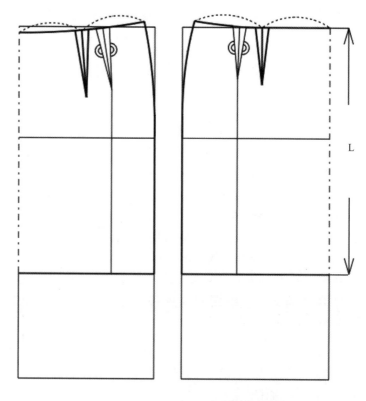

图3.8　弧形偏门襟系扣A字裙结构图

图3.7　弧形偏门襟系扣A字裙款式图

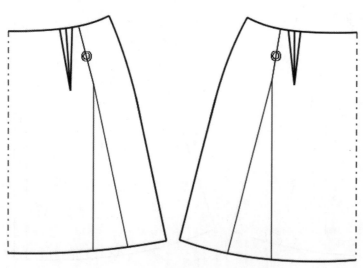

图3.9　弧形偏门襟系扣A字裙结构图

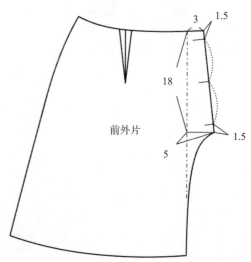

图3.10　弧形偏门襟系扣A字裙结构图

四、拉链装饰A字裙

（1）款式特点：该款 A 字裙的前门襟及口袋处的拉链装饰设计，显得休闲风十足。见图3.11。

（2）结构制图：采用原型制图法。裙长56cm，臀围94cm，腰围68cm；腰头宽3cm，侧缝向下10cm处斜向分割，合并育克并加放出褶裥量。见图3.12、图3.13。

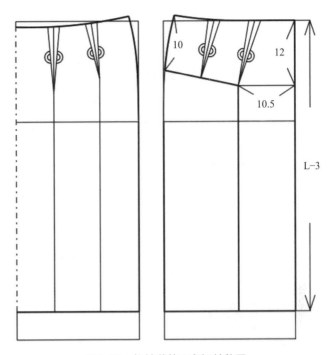

图3.12　拉链装饰A字裙结构图

图3.11　拉链装饰A字裙款式图

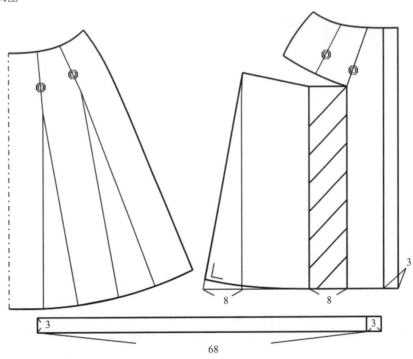

图3.13　拉链装饰A字裙结构图

五、弧线分割荷叶边A字裙

（1）款式特点：无腰，前裙身分别设计有斜向与弧形的分割造型，并在侧缝处进行荷叶边设计，新颖独特。见图3.14。

（2）结构制图：在裙装原型基础上进行结构制图。裙长38cm，腰围70cm，前片原型省道转移至造型线处，前后片侧缝弧线分割处进行合并，做荷叶边展开。见图3.15、图3.16。

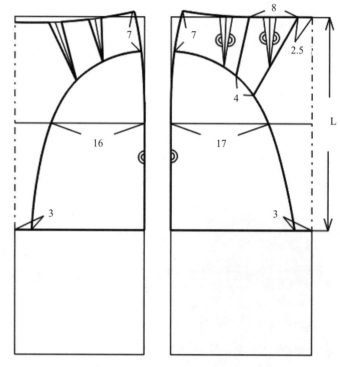

图3.15 弧线分割荷叶边A字裙结构图

图3.14 弧线分割荷叶边A字裙款式图

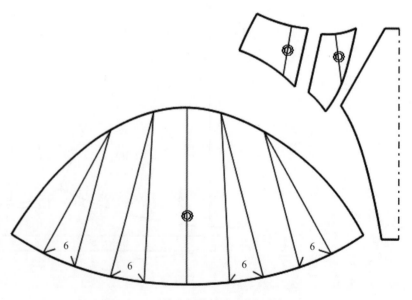

图3.16 弧线分割荷叶边A字裙结构图

六、斜向荷叶边A字裙

（1）款式特点：该款A字裙在前裙身上部的碎褶，及裙摆处中间长、两侧短的设计，显得整个造型很有创意。见图3.17。

（2）结构制图：采用直接制图法。裙长75cm，臀围94cm，腰围70cm，腰部前中心处为低腰结构，臀围线以上部分展开抽褶。见图3.18、图3.19。

图3.17　斜向荷叶边A字裙款式图

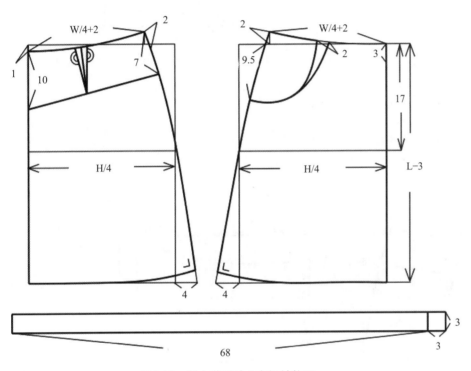

图3.18　斜向荷叶边A字裙结构图

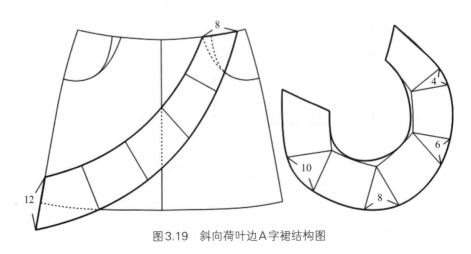

图3.19　斜向荷叶边A字裙结构图

七、腰头翻折前中心系扣A字裙

（1）款式特点：腰部的翻折设计及前裙身的门襟弧形裙摆，显得造型职业干练且时尚个性。见图3.20。

（2）结构制图：采用直接制图法。裙长38cm，臀围94cm，腰围68cm；裙腰处设有月牙形翻折结构，裙摆侧缝处向外展开2cm；臀围线处设有袋盖。见图3.21。

图3.20　腰头翻折前中心系扣A字裙款式图

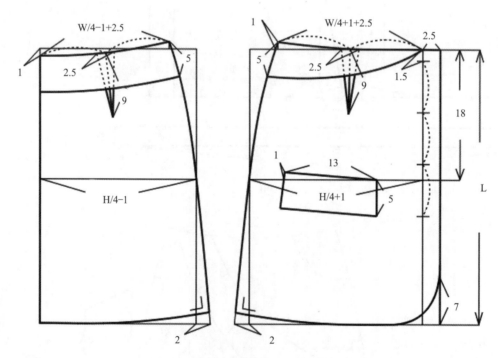

图3.21　腰头翻折前中心系扣A字裙结构图

24

八、前片对折A字裙

（1）款式特点：前身的折叠设计，优雅的轮廓造型，时尚且具有创意。见图3.22。

（2）结构制图：采用直接制图法。裙长55cm，臀围98cm，腰围68cm，前裙片距离前中v心处设有斜向褶裥，褶裥宽10cm。见图3.23、图3.24。

图3.22　前片对折A字裙款式图

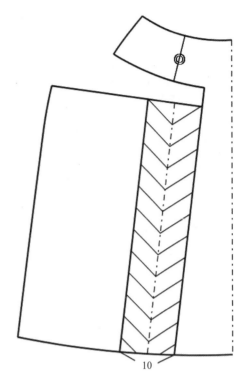

图3.23　前片对折A字裙结构图

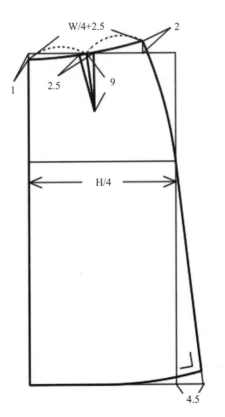
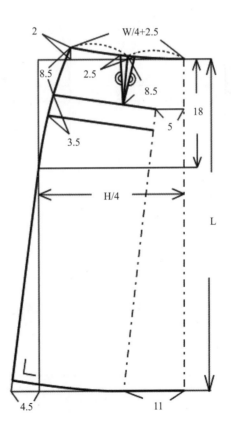

图3.24　前片对折A字裙结构图

九、不对称双层A字裙

（1）款式特点：前裙身的不对称及口袋设计，显得设计感十足。见图3.25。

（2）结构制图：采用直接制图法。裙长60cm，臀围96cm，腰围68cm，右侧前裙片做不对称结构设计，省道合并，且展开拉伸。见图3.26、图3.27。

图3.25　不对称双层A字裙款式图

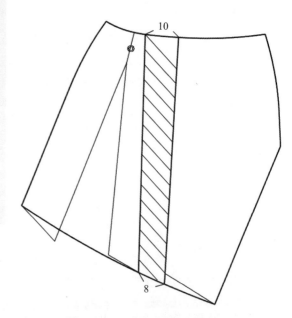

图3.26　不对称双层A字裙结构图

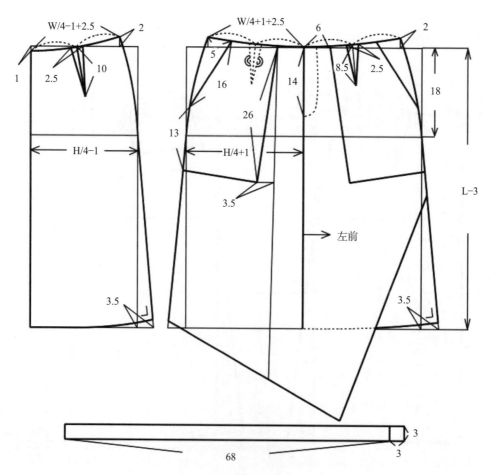

图3.27　不对称双层A字裙结构图

十、底摆拼接A字裙

（1）款式特点：该款造型综合运用了多种设计元素，如裙摆处的荷叶边拼接、裙前身的竖向折叠镶边，显得创意感十足。见图3.28。

（2）结构制图：采用直接制图法。裙长45cm，臀围96cm，腰围68cm，右侧前部采用竖向镶边结构，裙摆处设有荷叶边拼接，宽为18cm。见图3.29、图3.30。

图3.28　底摆拼接A字裙款式图

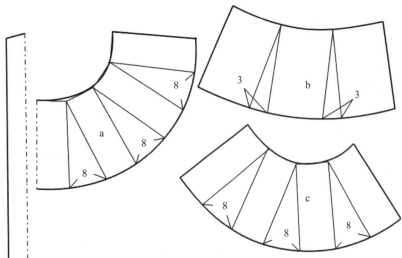

图3.29　底摆拼接A字裙结构图

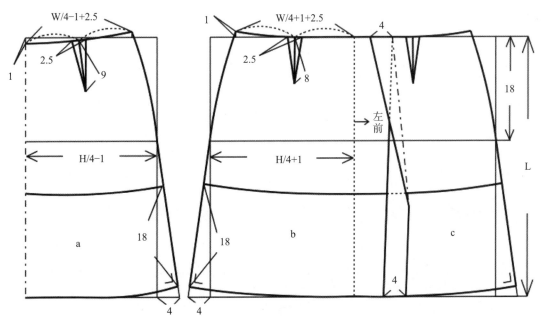

图3.30　底摆拼接A字裙结构图

十一、弧线分割A字裙

（1）款式特点：柔和的整体线条，细腻的曲线分割，显得造型个性鲜明。见图3.31。

（2）结构制图：采用直接制图法。裙长45cm，臀围96cm，腰围68cm，前后裙片分别进行弧线分割设计，并剪开拉伸形成A字造型。见图3.32、图3.33。

图3.31　弧线分割A字裙款式图

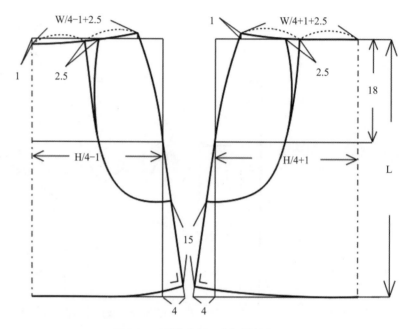

图3.32　弧线分割A字裙结构图

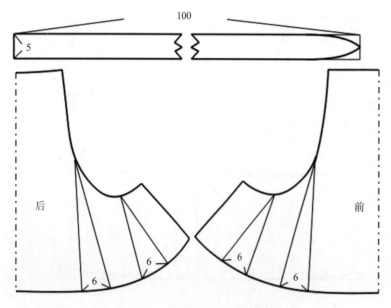

图3.33　底摆拼接A字裙结构图

第四章　喇叭裙款式及结构设计实例

一、腰部花边装饰喇叭裙

（1）款式特点：腰部有花边装饰，前裙身门襟设计有拉链，见图4.1。

（2）结构制图：采用原型制图法。裙长42cm，腰围68cm；将原型中前后裙片中的省量进行合并，裙子下部进行展开。见图4.2、图4.3。

图4.1　腰部花边装饰喇叭裙款式图

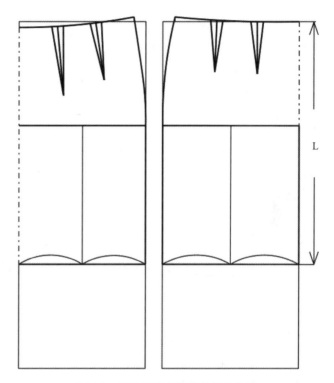

图4.2　腰部花边装饰喇叭裙结构图

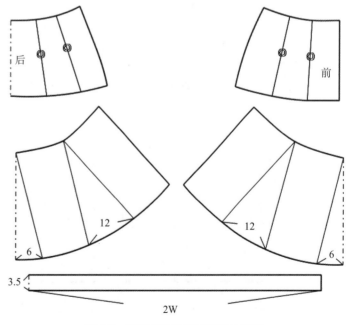

图4.3　腰部花边装饰喇叭裙结构图

二、八片喇叭裙

（1）款式特点：该款喇叭裙由八片裙片组成，短款的裙长造型，整体感觉俏丽活泼。见图4.4。

（2）结构制图：采用原型制图法。裙长40cm，腰围70cm；前后省道部分转移至前后中心线处，采用交叉重叠结构设计。见图4.5。

图4.4　八片喇叭裙款式图

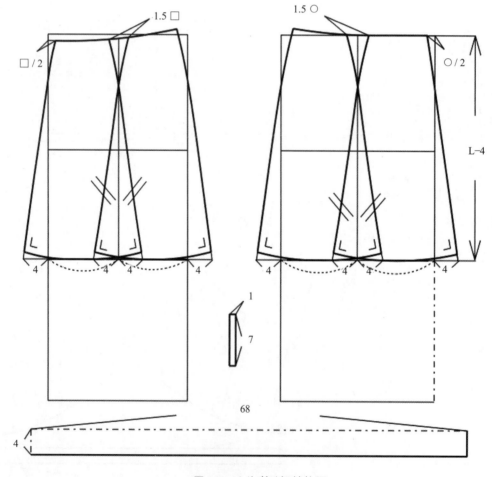

图4.5　八片喇叭裙结构图

30

三、宽育克喇叭裙

（1）款式特点：典型喇叭裙造型。夸张的育克尺寸设计，裙摆展开得当，显得飘逸大方。见图4.6。

（2）结构制图：在原型基础上进行结构制图。裙长60cm，腰围70cm，育克宽12cm；前后裙片分别进行三等分展开拉伸，形成喇叭裙造型。见图4.7、图4.8。

图4.6　宽育克喇叭裙款式图

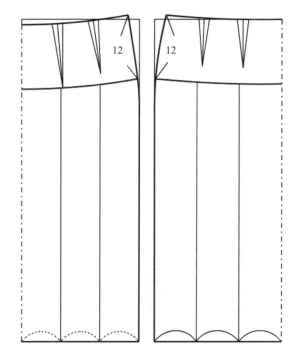

图4.7　宽育克喇叭裙结构图

图4.8　宽育克喇叭裙结构图

四、波浪育克喇叭裙

（1）款式特点：育克下部的波浪造型及裙身的褶裥设计，显得时尚独特，非常有创意。见图4.9。

（2）结构制图：采用原型制图法。裙长39cm，腰围68cm；育克宽10cm，将原型省道进行合并，裙子下部褶裥采用平行展开设计。见图4.10~图4.12。

图4.9　波浪育克喇叭裙款式图

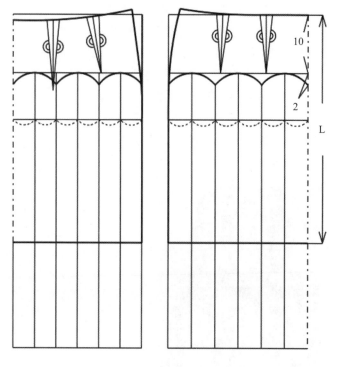

图4.10　波浪育克喇叭裙结构图

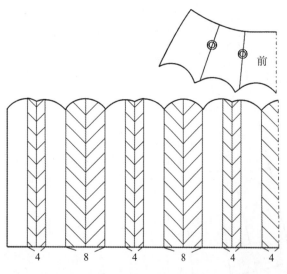

图4.11　波浪育克喇叭裙结构图

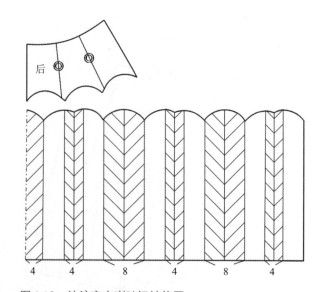

图4.12　波浪育克喇叭裙结构图

五、纵向荷叶边装饰喇叭裙

（1）款式特点：裙子纵向分割处配以荷叶边装饰，丰富了裙子的造型。见图4.13。

（2）结构制图：采用原型制图法。裙长45cm，臀围96cm，腰围72cm，裙腰为低腰结构，将前后裙片分别平分为三等分，进行展开拉伸；纵向荷叶边结构上下两端分别为3cm、6cm，展开形成螺旋造型。见图4.14~图4.16。

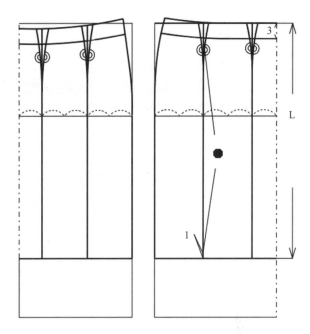

图4.14 纵向荷叶边装饰喇叭裙结构图

图4.13 纵向荷叶边装饰喇叭裙款式图

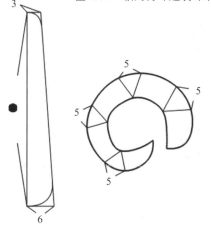

图4.15 纵向荷叶边装饰喇叭裙结构图

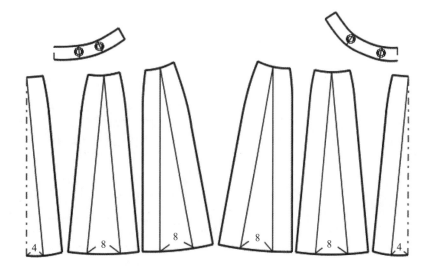

图4.16 纵向荷叶边装饰喇叭裙结构图

六、两侧抽褶斜育克喇叭裙

（1）款式特点：裙身左右两侧呼应的抽褶设计及斜向的育克造型，显得造型更加丰富饱满。见图4.17。

（2）结构制图：采用原型制图法。裙长70cm，腰围68cm，左侧裙摆处采用前后拼合无侧缝结构设计，并与右侧裙上部分别加放见图褶量。见图4.18、图4.19。

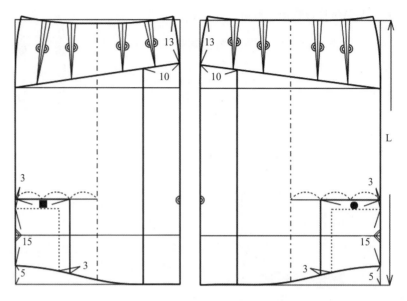

图4.18　两侧抽褶斜育克喇叭裙结构图

图4.17　两侧抽褶斜育克
喇叭裙款式图

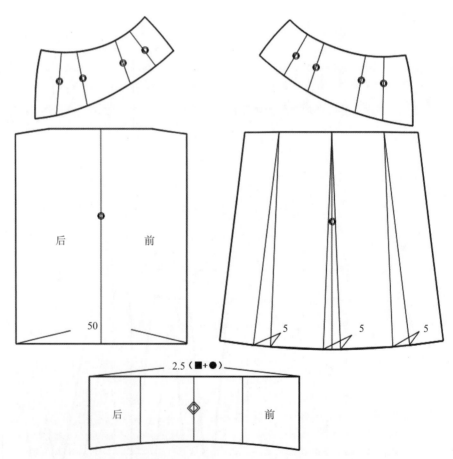

图4.19　两侧抽褶斜育克喇叭裙结构图

七、三角拼接喇叭裙

（1）款式特点：裙摆处插入三角造型，并将三角造型进行展开处理，形成蓬起效果。见图4.20。

（2）结构制图：采用原型制图法。裙长36cm，腰围68cm，裙摆处插入三角形拼接，展开16cm。见图4.21。

图4.20　三角拼接喇叭裙款式图

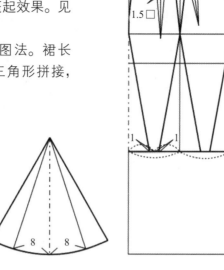

图4.21　三角拼接喇叭裙结构图

八、斜向重叠喇叭裙

（1）款式特点：斜向重叠的分割设计，配以短款的裙长，交叉重叠产生的松量，显得动感十足。见图4.22。

（2）结构制图：采用原型制图法。裙长40cm，腰围68cm，前后裙片分别进行分割及交叉重叠设计。见图4.23。

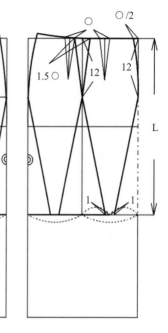

图4.22　斜向重叠喇叭裙款式图

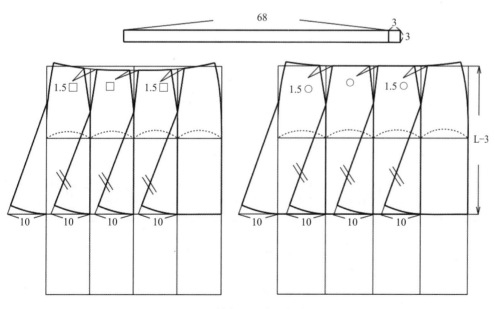

图4.23　斜向重叠喇叭裙结构图

九、低腰不规则育克喇叭裙

（1）款式特点：该款喇叭裙的育克采用了不对称且不规则的造型设计，以及裙摆不规则的抽褶，显得造型感十足。见图4.24。

（2）结构制图：采用原型制图法。裙长32cm，腰围72cm，育克两侧宽分别为6cm、13cm，将省道合并，并将裙下部进行拉伸处理。见图4.25、图4.26。

图4.24　低腰不规则育克喇叭裙款式图

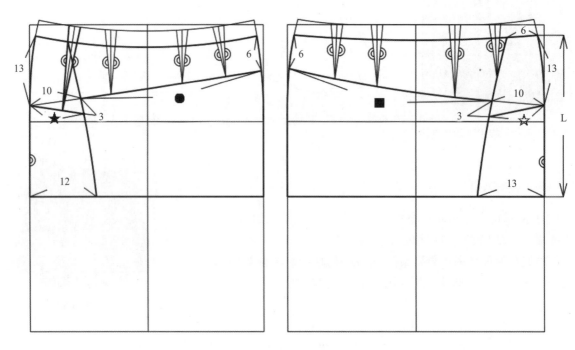

图4.25　低腰不规则育克喇叭裙结构图

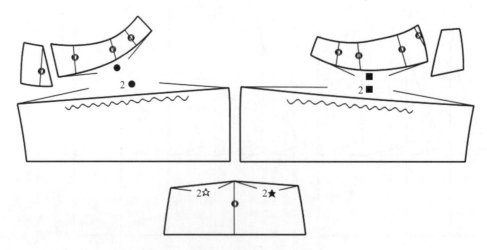

图4.26　低腰不规则育克喇叭裙结构图

十、多向分割喇叭裙

（1）款式特点：裙子的整体造型以分割为主，分割方向包含横向、纵向及斜向分割。见图4.27。

（2）结构制图：采用原型制图法。裙长38cm，臀围94cm，腰围68cm；裙身分别设有横向、纵向及斜向分割，并进行剪开拉伸处理。见图4.28、图4.29。

图4.27　多向分割喇叭裙款式图

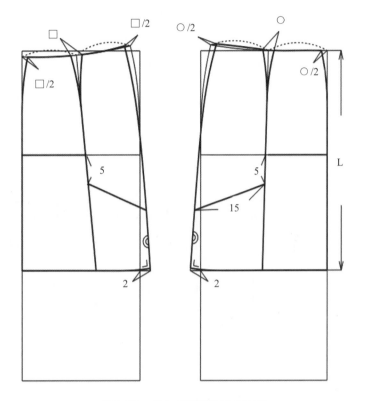

图4.28　多向分割喇叭裙结构图

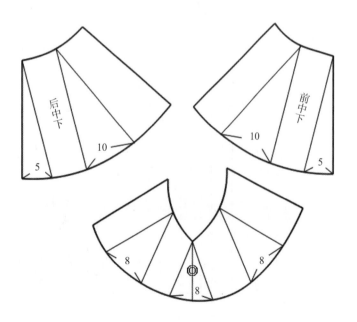

图4.29　多向分割喇叭裙结构图

十一、不对称裙长喇叭裙

（1）款式特点：该款式斜裙裙身分割干练简洁，以及不对称的裙长，显得整体造型独特。见图4.30。

（2）结构制图：在裙装原型基础上进行结构制图。裙长分别为70cm和62cm，腰围70cm，育克前中心宽为12cm，侧缝处宽4cm，将原型省道进行合并，裙身展开形成喇叭造型。见图4.31、图4.32。

图4.30 不对称裙长喇叭裙款式图

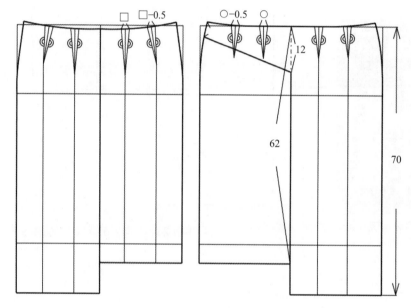

图4.31 不对称裙长喇叭裙结构图

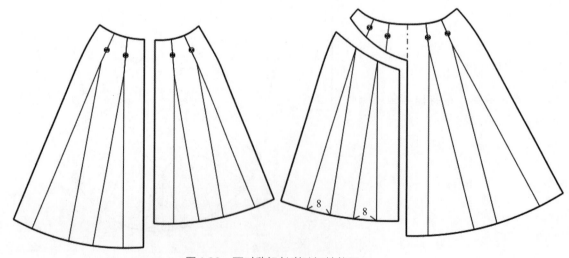

图4.32 不对称裙长喇叭裙结构图

第五章　鱼尾裙款式及结构设计实例

一、三角插片鱼尾裙

（1）款式特点：一款造型独特、线条灵动的鱼尾裙，其造型简洁大方，线条流畅。见图5.1。

（2）结构制图：采用直接制图法。裙长57cm，腰围68cm，裙摆向上20cm处设置三角插角。见图5.2。

图5.1　三角插片鱼尾裙款式图

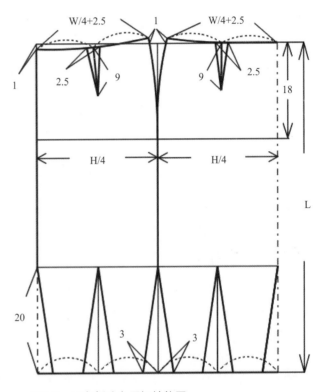

图5.2　三角插片鱼尾裙结构图

二、侧部展开鱼尾裙

（1）款式特点：直身裙与鱼尾裙相结合的一款造型。裙子只在侧部进行分割展开，独特别致。见图5.3。

（2）结构制图：采用直接制图法。裙长50cm，臀围92cm，腰围68cm；前后裙摆在侧部采用横向分割，剪开展开形成鱼尾造型。见图5.4、图5.5。

图5.3　侧部展开鱼尾裙款式图

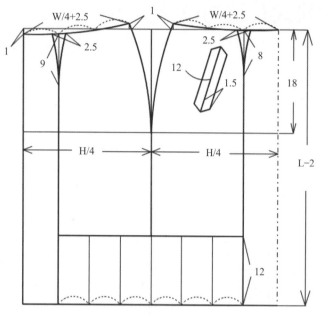

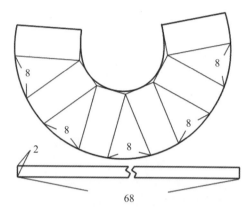

图5.4 侧部展开鱼尾裙结构图

图5.5 侧部展开鱼尾裙结构图

三、高腰六片鱼尾裙

（1）款式特点：贴体的臀围设计，加上大尺寸的裙摆造型，显得鱼尾造型十分突出。见图5.6。

（2）结构制图：采用直接制图法。裙长100cm，臀围90cm，腰围68cm；裙子的鱼尾造型交叉重叠10cm。见图5.7。

图5.6 高腰六片鱼尾裙款式图

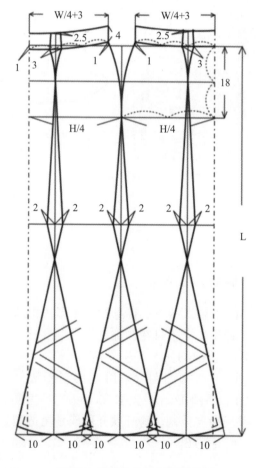

图5.7 高腰六片鱼尾裙结构图

四、斜向分割大摆鱼尾裙

（1）款式特点：裙身采用斜向不对称分割造型，裙下部大尺寸展开形成波浪，裙子整体效果休闲飘逸。见图5.8。

（2）结构制图：采用直接制图法。裙长95cm，臀围94cm，腰围68cm；下部采用不对称分割，通过剪开拉伸形成大波浪。见图5.9、图5.10。

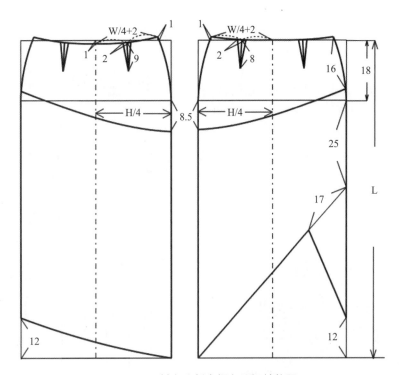

图5.9　斜向分割大摆鱼尾裙结构图

图5.8　斜向分割大摆鱼尾裙款式图

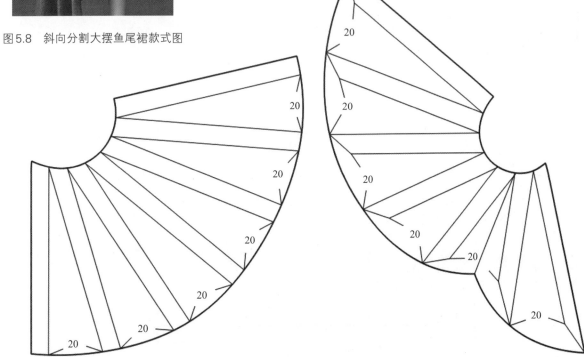

图5.10　斜向分割大摆鱼尾裙结构图

五、纵向荷叶边鱼尾裙

（1）款式特点：裙身处采用了斜向与纵向结合分割的造型，使整个裙子造型充满创意。见图5.11。

（2）结构制图：采用直接制图法。裙长56cm，臀围90cm，腰围68cm，裙前身右侧，在省道位置通底进行分割并展开形成荷叶边。见图5.12、5.13。

图5.11 纵向荷叶边鱼尾裙款式图

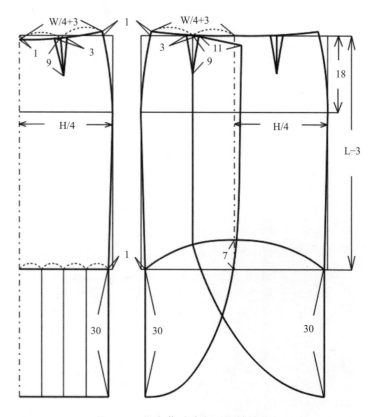

图5.12 纵向荷叶边鱼尾裙结构图

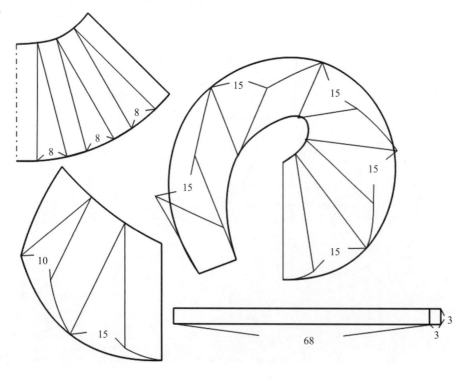

图5.13 纵向荷叶边鱼尾裙结构图

六、裙摆抽褶鱼尾裙

（1）款式特点：该款鱼尾裙的鱼尾造型不同于常规的鱼尾裙，采用交叉重叠及抽褶设计，配以左右高低不一的裙长，显得整个裙子别具特色。见图5.14。

（2）结构制图：采用直接制图法。裙长70cm，臀围90cm，腰围68cm。右侧前裙片裙摆处采用弧线分割，左侧裙摆长于右侧，偏门襟结构。见图5.15、图5.16。

图5.14　裙摆抽褶鱼尾裙款式图

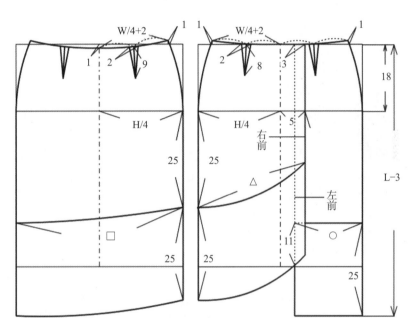

图5.15　裙摆抽褶鱼尾裙结构图

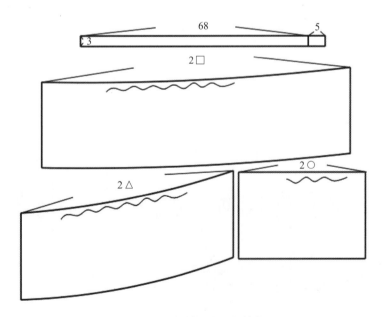

图5.16　裙摆抽褶鱼尾裙结构图

七、创意分割鱼尾裙

（1）款式特点：一款与众不同的分割造型形成的独特的鱼尾裙。裙子的左右及前后造型均采用不对称设计，造型别具一格，创意感十足。见图5.17。

（2）结构制图：采用直接制图法。裙长55cm，臀围92cm，腰围70cm，腰部省道、左右分割均采用不对称结构设计。见图5.18、图5.19。

图5.17　创意分割鱼尾裙款式图

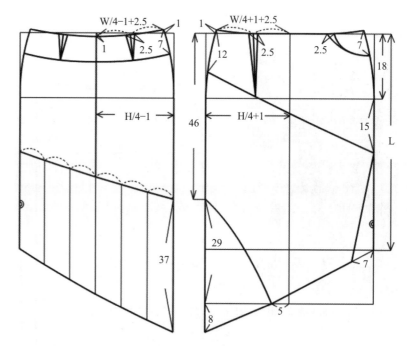

图5.18　创意分割鱼尾裙结构图

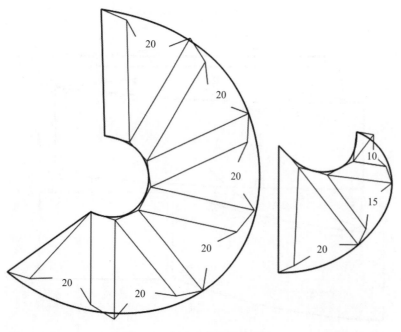

图5.19　创意分割鱼尾裙结构

八、交叉分割鱼尾裙

（1）款式特点：该款鱼尾裙的前裙身裙摆处设有交叉分割造型，且两处分割展开量不同，使得裙子整体具有层次感。见图5.20。

（2）结构制图：采用直接制图法。裙长83cm，臀围96cm，腰围68cm；前裙片中心处设有4个褶裥，裙摆方形抽褶处高23cm。见图5.21~图5.23。

图5.20　交叉分割鱼尾裙款式图

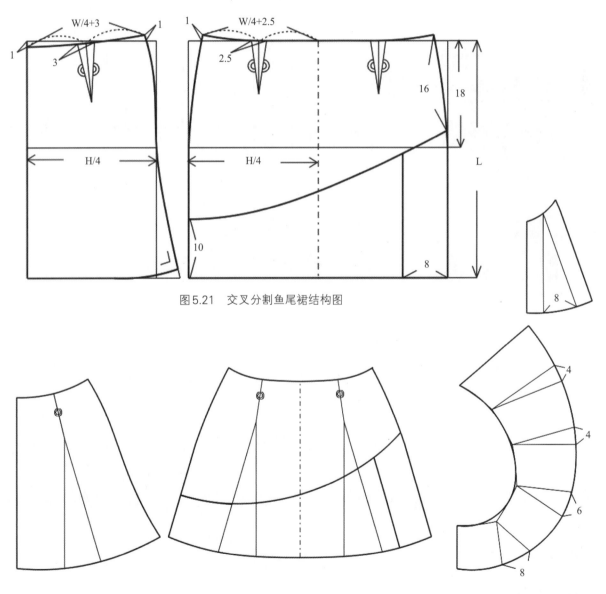

图5.21　交叉分割鱼尾裙结构图

图5.22　交叉分割鱼尾裙结构图　　　　图5.23　交叉分割鱼尾裙结构图

九、双层裙摆鱼尾裙

（1）款式特点：裙长采用前短后长的造型设计，裙摆的鱼尾造型采用双层设计，颇具设计感。见图5.24。

（2）结构制图：采用直接制图法。前裙长60cm，臀围94cm，腰围70cm，裙摆处的鱼尾造型采用双层设计，并通过剪开展开形成波浪效果。见图5.25、图5.26。

图5.24　双层裙摆鱼尾裙款式图

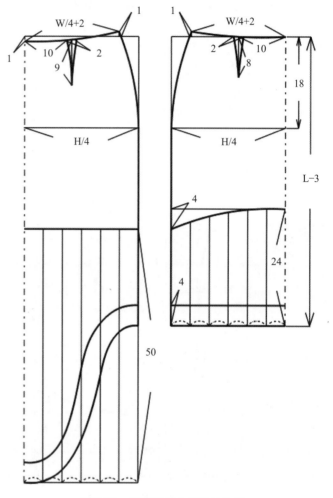

图5.25　双层裙摆鱼尾裙结构图

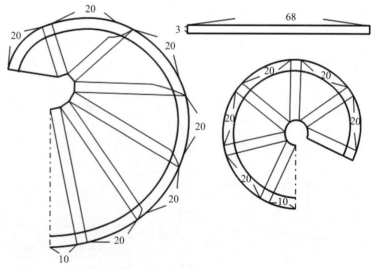

图5.26　双层裙摆鱼尾裙结构图

十、低腰方形裙摆鱼尾裙

（1）款式特点：该款鱼尾裙裙摆造型独特，呈方形，右侧裙摆处设计有拉链，显得干练又休闲。见图5.27。

（2）结构制图：采用直接制图法。裙长50cm，臀围90cm，腰围70cm，采用低腰结构，裙摆高度为20cm。见图5.28、图5.29。

图5.27　低腰方形裙摆鱼尾裙款式图

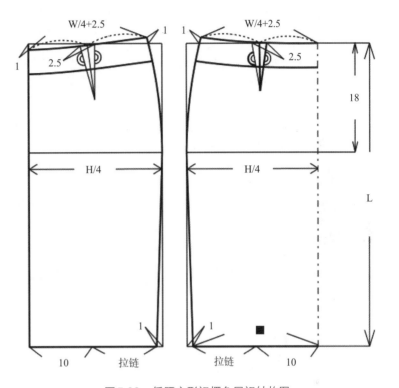

图5.28　低腰方形裙摆鱼尾裙结构图

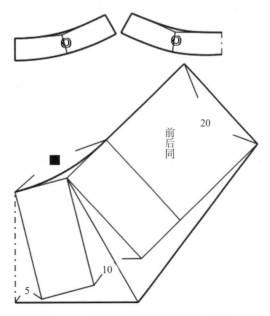

图5.29　低腰方形裙摆鱼尾裙结构图

十一、不对称分割鱼尾裙

（1）款式特点：裙摆处高低不同及形状不对称的造型设计，裙摆适当展开，显得优雅得体且时尚。见图5.30。

（2）结构制图：采用原型制图法。裙长60cm，臀围92cm，腰围68cm；裙前片采用不对称结构设计，右侧裙长略长，展开量较左侧略大。见图5.31、图5.32。

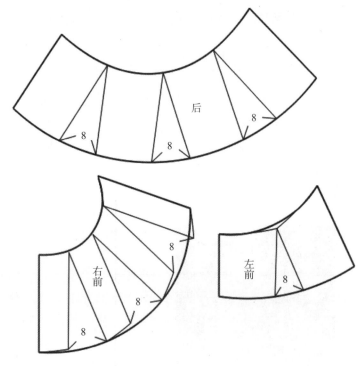

图5.31　不对称分割鱼尾裙结构图

图5.30　不对称分割鱼尾裙款式图

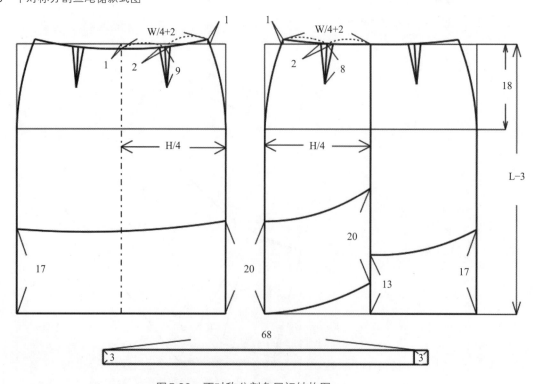

图5.32　不对称分割鱼尾裙结构图

第六章　变化裙款式及结构设计实例

一、高腰创意变化裙

（1）款式特点：高腰设计配以偏襟拉链装饰和左侧裙摆的不规则展开，使整个裙子充满创意。见图6.1。

（2）结构制图：采用直接制图法。裙长40cm，臀围94cm，腰围70cm，高腰10cm；左右裙身采用不对称结构设计。见图6.2、图6.3。

图6.1　高腰创意变化裙款式图

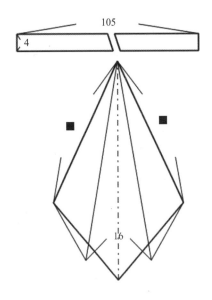

图6.2　高腰创意变化裙结构图

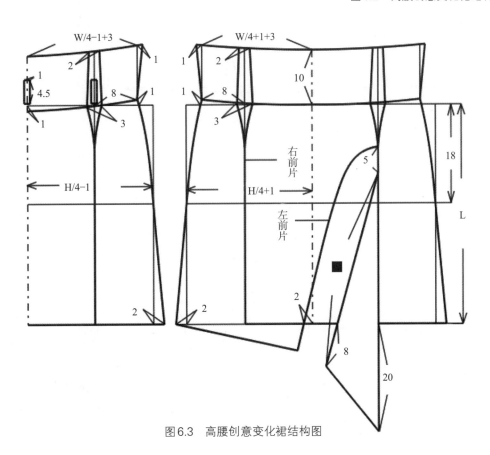

图6.3　高腰创意变化裙结构图

二、偏襟系扣变化裙

（1）款式特点：前身的偏襟系扣设计以及腰部的西服驳领造型的翻折造型，让整个裙子耳目一新。见图6.4。

（2）结构制图：采用原型制图法。裙长45cm，臀围92cm，腰围60cm；前裙片为偏襟系扣结构，腰部驳领造型采用仿形制图。见图6.5、图6.6。

图6.4　偏襟系扣变化裙款式图

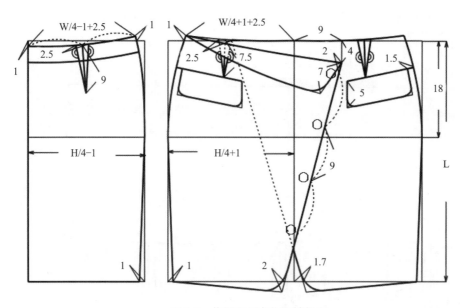

图6.5　偏襟系扣变化裙结构图

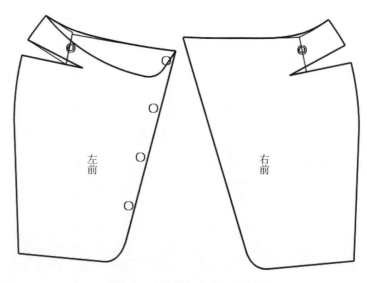

图6.6　偏襟系扣变化裙结构图

三、不规则前片变化裙

（1）款式特点：裙前身造型较为独特，由三部分组成，且相互之间呈不规则且不对称的造型。见图6.7。

（2）结构制图：采用直接制图法。裙长57cm，臀围96cm，腰围68cm；裙前身分为三片，左右前片及后片分别进行省合并与展开。见图6.8、图6.9。

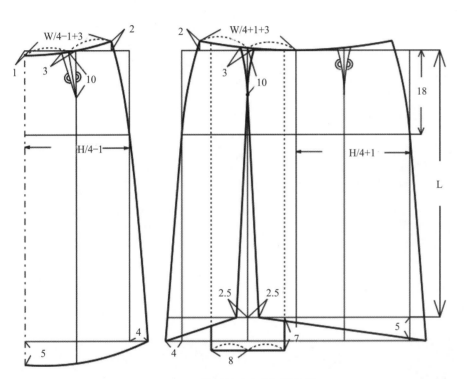

图6.8 不规则前片变化裙结构图

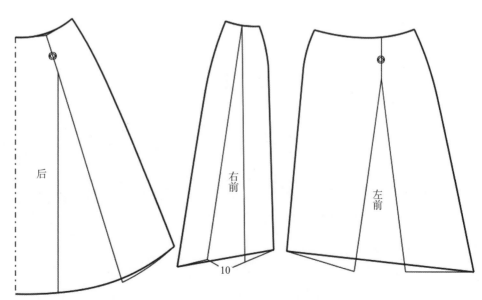

图6.9 不规则前片变化裙结构图

图6.7 不规则前片变化裙款式图

四、单侧抽褶斜向裙摆变化裙

（1）款式特点：前裙身的单侧皱褶造型及裙摆处的不规则设计，加上圆点的图案，使整个裙子平添了几分俏皮。见图6.10。

（2）结构制图：采用直接制图法。裙长40cm，臀围92cm，腰围68cm。裙子前片采用双层结构，左侧斜向分割处展开拉伸做抽褶设计。见图6.11、图6.12。

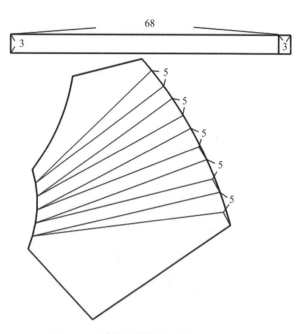

图6.11　单侧抽褶斜向裙摆变化裙结构图

图6.10　单侧抽褶斜向裙摆变化裙款式图

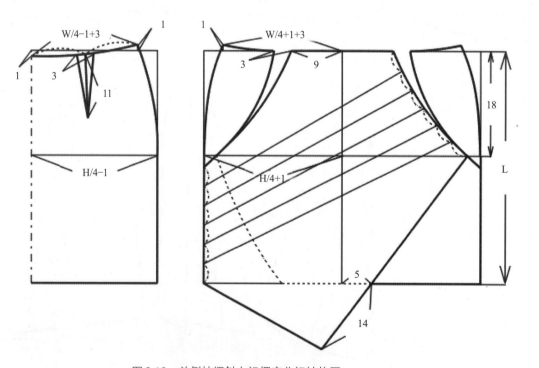

图6.12　单侧抽褶斜向裙摆变化裙结构图

52

五、不规则个性变化裙

（1）款式特点：裙前身采用偏襟及不对称造型设计，两侧采用尖下摆，配以加长腰带及钉扣装饰，整个裙子颇具军旅之风。见图6.13。

（2）结构制图：采用直接制图法。裙长40cm，臀围94cm，腰围68cm，将侧缝省道合并形成侧部结构。见图6.14、图6.15。

图6.13　不规则个性变化裙款式图

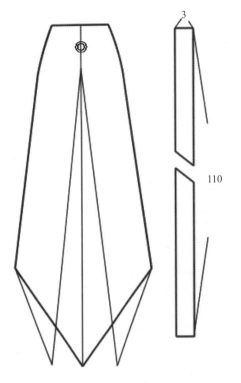

图6.14　不规则个性变化裙结构图

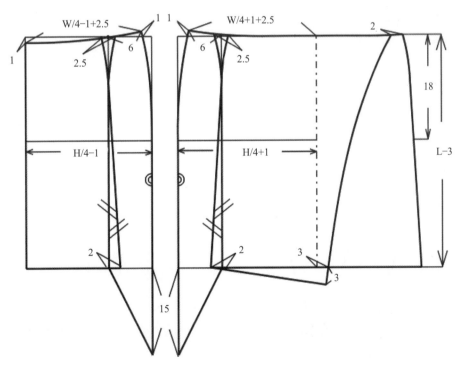

图6.15　不规则个性变化裙结构图

六、个性装饰变化裙

（1）款式特点：独特的腰部双层下垂造型设计及格纹图案的面料，增加了错落有致的整体效果。见图6.16。

（2）结构制图：采用直接制图法。裙长65cm，臀围94cm，腰围68cm，上层结构采用长方形设计，裙摆处适当下垂。见图6.17、图6.18。

图6.16　个性装饰变化裙款式图

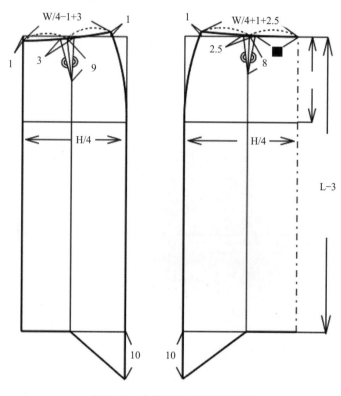

图6.17　个性装饰变化裙结构图

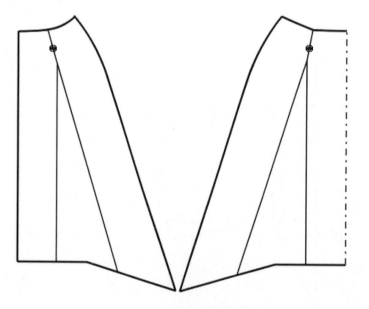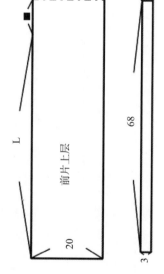

图6.18　个性装饰变化裙结构图

七、斜向镶边褶裥裙

（1）款式特点：通过前裙身的斜向镶边与褶裥装饰，显得裙子造型的与众不同。见图6.19。

（2）结构制图：采用直接制图法。裙长65cm，臀围94cm，腰围68cm；右上方至左下方设有斜向的装饰边，右侧裙摆部设有褶裥，宽为10cm。见图6.20、图6.21。

图6.19　斜向镶边褶裥裙款式图

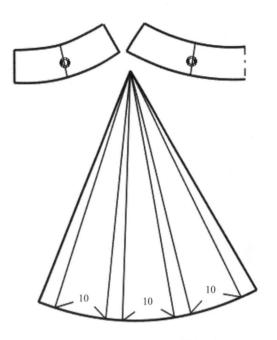

图6.20　斜向镶边褶裥裙结构图

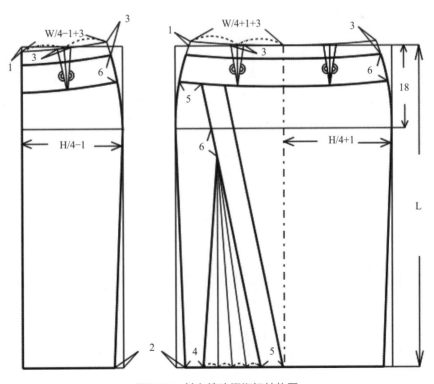

图6.21　斜向镶边褶裥裙结构图

八、拉链门襟大荷叶边变化裙

（1）款式特点：前裙身的大荷叶边装饰，使得裙子的整体造型十分具有创意。见图6.22。

（2）结构制图：采用直接制图法。前裙长85cm，臀围96cm，腰围72cm，裙子前中心采用拉链设计，右侧裙片设有大尺寸荷叶边装饰。见图6.23、图6.24。

图6.22 拉链门襟大荷叶边变化裙款式图

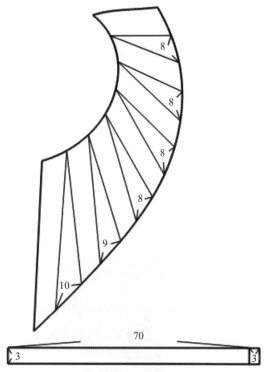

图6.23 拉链门襟大荷叶边变化裙结构图

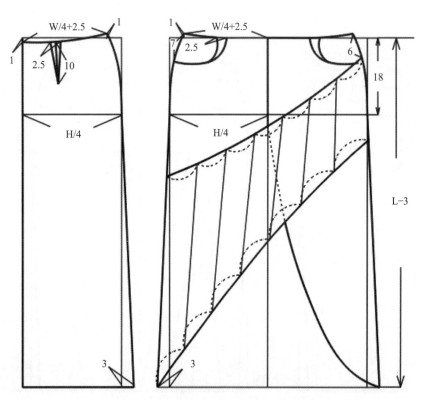

图6.24 拉链门襟大荷叶边变化裙结构图

九、撞色手帕垂角变化裙

（1）款式特点：整个裙子采用手帕垂角造型设计，撞色设计增加了视觉冲击力。见图6.25。

（2）结构制图：采用直接制图法。中心裙长50cm，腰围68cm，裙子整体结构为方形，距裙摆10cm处采用撞色分割。见图6.26。

图6.25　撞色手帕垂角变化裙款式图

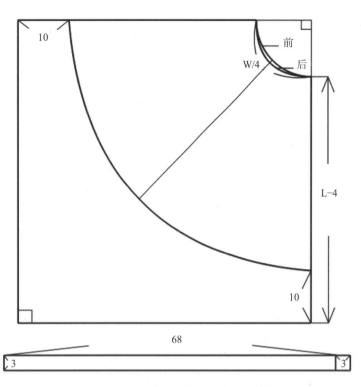

图6.26　撞色手帕垂角变化裙结构图

十、侧缝拼接不规则变化裙

（1）款式特点：采用条纹面料，斜向分割、双层设计及侧缝拼接手法，整个裙子动感十足。见图6.27。

（2）结构制图：采用原型制图法。裙长45cm，臀围94cm，腰围68cm，裙前身采用不规则结构设计，侧缝处拼接横向装饰。见图6.28~图6.30。

图6.27　侧缝拼接不规则变化裙款式图

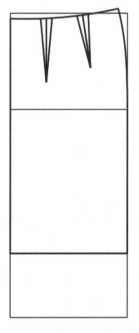

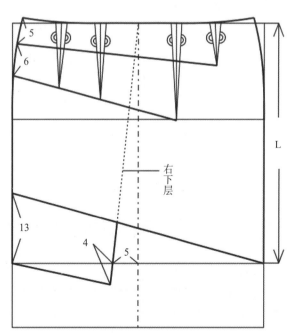

图6.28　侧缝拼接不规则变化裙结构图

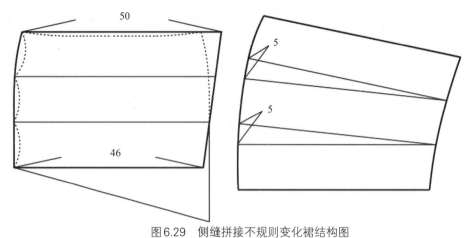

图6.29 侧缝拼接不规则变化裙结构图

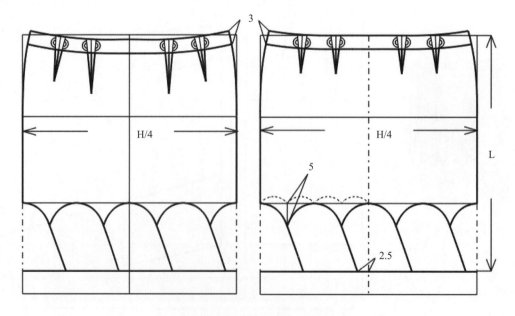

图6.30 侧缝拼接不规则变化裙结构图

十一、创意裙摆变化裙

（1）款式特点：鱼尾裙摆造型，不规则弧线展开，优雅又有创意。见图6.31。

（2）结构制图：采用原型制图法。裙长55cm，臀围96cm，腰围68cm，裙摆采用同向不规则弧形分割，并剪开展开形成鱼尾造型。见图6.32、图6.33。

图6.31 创意裙摆变化裙款式图

图6.32 创意裙摆变化裙结构图

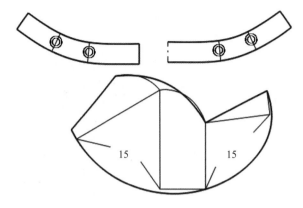

图6.33 创意裙摆变化裙结构图

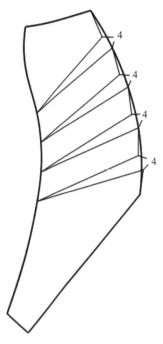

图6.35 斜向门襟变化裙结构图

十二、斜向门襟变化裙

（1）款式特点：斜向的门襟设计，配以前中心的短裙长及斜向褶裥造型，整个造型时尚前卫、创意十足。见图6.34。

（2）结构制图：采用直接制图法。裙长80cm，臀围92cm，腰围68cm，前偏门襟采用斜向结构设计，右侧裙片剪开拉伸形成褶裥。见图6.35、图6.36。

图6.34 斜向门襟变化裙款式图

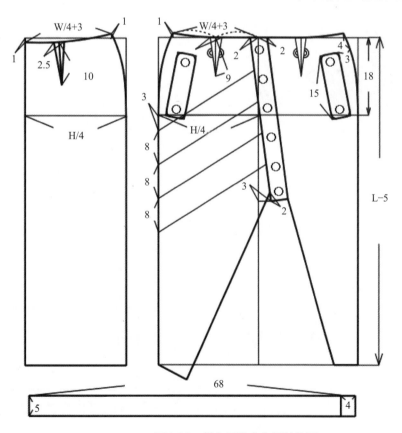

图6.36 斜向门襟变化裙结构图

十三、方形裙角变化裙

（1）款式特点：两侧裙角造型类似于手帕自然垂下的感觉，采用方形结构设计而成，给原本圆顺的裙子曲线增添了几分棱角。见图6.37。

（2）结构制图：采用直接制图法。裙长55cm，臀围94cm，腰围68cm，臀围线向下5cm处为方形裙角插入位置，裙角高30cm。见图6.38、图6.39。

图6.37　方形裙角变化裙款式图

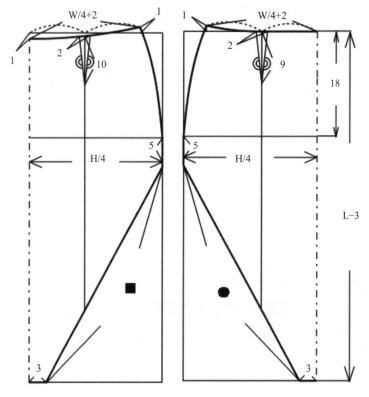

图6.38　方形裙角变化裙结构图

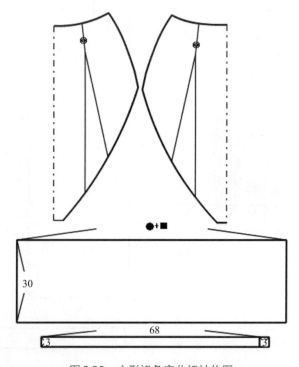

图6.39　方形裙角变化裙结构图

60

下 篇

裤 装

第一章　裤装分类与结构设计原理

第一节　裤装分类

裤子是包覆人体臀、腹部并区分两腿的基本着装形式。它与裙子最大的区别在于：裤子从长度上讲有裤长、上裆、下裆，从围度上讲有腰围、臀围、横裆、中裆以及裤口等。具体部位示意如图1.1所示。

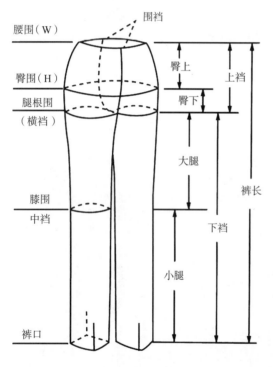

图1.1　裤子各部位示意图

裤装面料非常广泛，可根据款式、用途和穿着季节等因素进行选择。在日常活动中，由于人体下肢的活动幅度及频率较多而使面料容易产生皱褶，因此款式简洁、合体的裤装可选择牢固、不易皱的面料。

从外形轮廓看，裤子形状是由裤长、上裆长、腰围、臀围、横裆、中裆及裤口等部位尺寸决定的。一般裤子在中裆以下变化较大，既可以随人体曲线变化，又可以大幅度离开人体体表曲线，或者在两者之间变化。裤子的基本造型要求是前面平直且在裤腿正中有裤中线，裤子两侧则为较缓和的曲线造型，裤子的后侧造型主要依据人体体型变化，由凸弧线急剧变为凹弧线内收并向下延伸。由于裤子对人体的依附比较紧密，所以它更能表现人体的曲线造型。

通常根据裤装的造型形态、腰线高低以及裤长对裤装进行分类。

一、按裤装造型形态分类

根据裤装的造型形态，通常可以把裤装分为直筒裤、锥形裤、喇叭裤及裙裤。

1.直筒裤

直筒裤又叫直身裤，是裤装中的最基本款式。其特点是裤子的腰部至臀部较为合体，中裆或中裆偏上至裤口处基本呈直线造型。具体款式见图1.2。

2.锥形裤

锥形裤是最常见的裤子造型，整体呈倒梯形。这类裤子通常臀围略大而裤口收进，即裤子整体造型由上至下逐渐变窄。具体款式见图1.3。

3.喇叭裤

喇叭裤，因裤形状似喇叭而得名。它的特点是：低腰短裆，紧裹臀部；裤腿上窄下宽，膝盖以下逐渐张开，裤口的尺寸明显大于膝围尺寸，形成喇叭状。在结构设计方面，它是在西裤的基础上，把立裆稍收短，臀围放松量适当减小，使臀部及中裆（膝盖附近）部位合身，膝盖下根据需要放大至裤口。具体款式见图1.4。

图 1.2　直筒裤款式图　　图 1.3　锥形裤款式图　　图 1.4　喇叭裤款式图　　图 1.5　裙裤款式图

4.裙裤

从外观来看，裙裤是像裙造型的裤子款式，具有裙和裤两者特点，非常方便于人体活动。其材料选择也比较广泛，厚薄面料都适合。根据裙片进行展开，它既可以选择紧身也可选择半紧身。从结构上来看，它主要是进行裆部的变化。具体款式见图 1.5。

二、按腰线高低分类

根据裤装的腰线高低可以把裤子分为三类：低腰裤、中腰裤和高腰裤。

1.低腰裤

裤子的腰围线低于人体的腰围线，这一类裤子统称为低腰裤。具体款式见图 1.6。

2.中腰裤

裤子的腰围线与人体的腰围线相吻合，这一类裤子统称为中腰裤。具体款式见图 1.7。

3.高腰裤

裤子的腰围线高于人体的腰围线，这一类裤子统称为高腰裤。具体款式见图 1.8。

图 1.6　低腰裤款式图　　　　图 1.7　中腰裤款式图　　　　图 1.8　高腰裤款式图

三、按裤长分类

根据裤装长度，通常可以把裤装分为长裤、中长裤、短裤及超短裤。

1. 长裤

裤长在人体脚踝及以下部位的裤装叫做长裤。具体款式见图1.9。

2. 中长裤

裤长在人体脚踝上部至膝盖处之间的裤装为中长裤。具体款式见图1.10。

3. 短裤

裤长在人体膝盖以上至大腿中部之间的裤装为短裤。具体款式见图1.11。

4. 超短裤

裤长在人体大腿中部以上的裤装为超短裤。具体款式见图1.12。

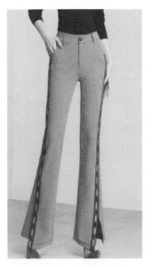   

图1.9 长裤款式图　　图1.10 中长裤款式图　　图1.11 短裤款式图　　图1.12 超短裤款式图

第二节　裤装结构设计原理

裤装造型丰富多变，但其结构设计的基本原理是相通的。一般以直身裤造型为基础，通过平面展开获得平面样板，分析相关人体数据与裤装构成要素的关系，在此基础上对裤子的结构原理进行研究。

一、裤装腰围、臀围与人体腰臀部的关系

腰围规格设计：$W=W^*+（0～2）cm$。

臀围规格设计：

$H=H^*+（0～6）cm$，为贴体风格；

$H=H^*+（6～12）cm$，为较贴体风格；

$H=H^*+（12～18）cm$，为较宽松风格；

$H=H^*+18cm$以上，为宽松风格。

注：W^*是净腰围，H^*是净臀围。

二、裤装省道设计

设$（H-W）/2=●$，前省道$=●/5+1cm$，靠近前中线的省略小，靠近侧缝的省略大；侧缝撇进量$=2●/5-0.5cm$，前侧缝撇进量略大，后侧缝撇进量略小；后省量$=2●/5-0.5cm$，靠近侧缝处省略小，靠近后中线处省略大。对于不同风格的裤装，可在此基础上根据造型需要将省量进行适当的调整。

三、裤装上裆宽

裤装作为包覆人体臀腹部的服装形式，裆宽的设计与人体臀腹部有着密切的吻合关系，如图1.13所示。裤装裆宽的形状是由人体臀部的截面形状所决定的，裆宽在很大程度上决定了裤子的适体性。裆宽过大，会影响横裆尺寸及下裆线的弯度；裆宽过窄，则又会使臀部紧绷，造成运动不便。一般人体的腹臀宽AB=0.24H*，故裤装上裆宽A′B′=AB+少量松量－材料伸长量=0.24 H^x+少量松量－材料伸长量。当裤装造型为裙裤时，前后下裆缝夹角 α＋β=0°，上裆宽=0.21H。当裤装造型由裙裤向贴体风格裤装结构变化时，前后下裆缝夹角 α＋β 增大，把下裆缝拼合后，上裆宽≥0.21H。为使裤装造型美观又可满足人体体型需求，可减小上裆宽A′B′，一般裤装上裆宽取0.14H～0.16H便可适应各种裤装需求。

根据不同风格裤装的宽松程度不同，上裆宽可设计为：

贴体风格：0.14H～0.15H。

较贴体风格：0.145H～0.155H。

较宽松风格：0.15H～0.16H。

宽松风格：0.145H～0.155H（因臀围规格很大）。

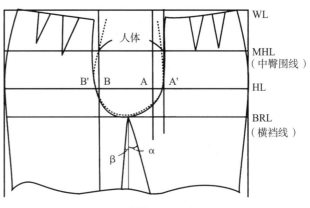

图1.13　裤装上裆设计

四、裤装后上裆垂直倾斜角与倾斜增量

裤装后上裆倾斜增量是由后上裆垂直倾斜角决定的。后上裆垂直倾斜角受两方面因素的影响：

一是受人体静态体型的制约，即由腰臀差的大小和臀部的倾斜程度决定的。若后上裆垂直倾斜角过大，会导致后裆部起绺，影响裤子的外观造型。因此，应使后上裆垂直倾斜角与人体臀部的凸出量保持一致，如图1.14所示。

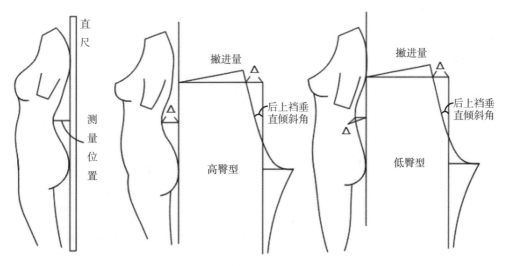

图1.14　后上裆垂直倾斜角与人体臀部关系示意图

二是人体动态所需运动松量。若后上裆垂直倾斜角过小，则会影响下肢的前伸，造成运动不便。因此运动装的后上裆垂直倾斜角应大于人体后臀部的凸出量。

总之，在设计后上裆垂直倾斜角时，应综合考虑静态美观性和动态舒适性。以贴体风格为例：若材料拉伸性好，且裤装主要考虑静态美观性时，则后上裆倾斜角小于或等于12°；若材料拉伸性差，且主要考虑动态舒适性时，则后上裆倾斜角取值趋向于15°。

五、裤装落裆量

在裤装结构制图中，后片的上裆长度一般要大于前片的上裆长度，前后上裆长度之差称为落裆量。如图1.15所示，M至M₁之间的距离即为落裆量。

落裆量的大小随前后窿门宽的变化而变化。若前后窿门宽的差数越大，落裆量也越大；反之，则越小。当前后片窿门的宽度相等时（如便裤或裙裤等），落裆量为0。

在臀围相同的情况下，裤口越大，裤管的锥度越小，所形成的落裆量越小；裤口越小，裤管的锥度越大，所形成的落裆量也越大。在相同情况下，裤管越短，落裆量越大。如图1.16所示，正常裤子的落裆量一般为0.8～1cm，短裤的落裆量则在2～3cm之间。

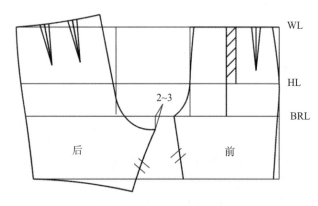

图1.16　短裤落裆量

六、裤装上裆部运动松量的综合设计

裤装后上裆运动松量=后上裆倾斜量●+后上裆深增量◎+后上裆材料伸长量，这三个量是互相制约的，如图1.17所示。

后上裆倾斜量●的设计为：

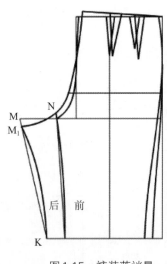

图1.15　裤装落裆量

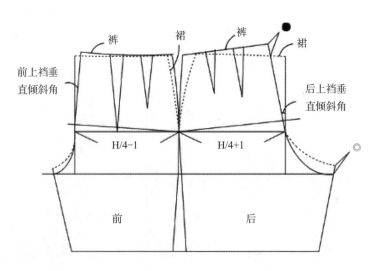

图1.17　裤装上裆部运动松量

裙裤装后上裆垂直倾斜角为0°；

　　宽松风格裤装后上裆垂直倾斜角为0°~5°；

　　较宽松风格裤装后上裆垂直倾斜角为5°~10°；

　　较贴体风格裤装后上裆垂直倾斜角为10°~15°；

　　常用贴体裤类后上裆垂直倾斜角为14°~16°；

　　运动型贴体裤后上裆垂直倾斜角为16°~20°。

　　从裤装穿着的适体性和机能性考虑，裤装上裆应与人体裆底间有少量松量，即后上裆深增量。裤装的上裆长度＝人体上裆长＋后上裆深增量。

　　后上裆深增量◎的设计：

　　裙裤装后上裆深增量为2~3cm；

　　宽松风格裤装后上裆深增量为1~2cm；

　　较宽松风格裤装后上裆深增量为0~1cm；

　　较贴体风格裤装后上裆深增量为0cm。

　　综上所述，裤装后上裆运动松量的处理方法有三种：

　　（1）把裤装后上裆运动松量处理为裤装后上裆倾斜增量（常用于贴体裤）；

　　（2）把裤装后上裆运动松量处理为裤装后上裆深增量（常用于宽松裤）；

　　（3）把裤装后上裆运动松量处理为裤装后上裆深增量与裤装后上裆倾斜增量（常用于较宽松、较贴体裤）。

　　另外，把前上裆垂直倾斜角处理为前上裆腰围撇去量，约为1cm。在特殊情况下（如当腰部不做省道时），为解决前部腰臀差，撇去量小于或等于2cm。

第二章 直筒裤款式及结构设计实例

一、裤口开衩九分直筒裤

（1）款式特点：复古的格纹与烟管造型相结合，裤口开衩并设计有三粒扣，显得俏皮、摩登。见图2.1。

（2）结构制图：裤长92cm，腰围74cm，臀围96cm，裤口34cm，腰头宽为3cm。立裆深为H/4-1cm，前裤片腰围处设有两个2cm的省，后裤片腰围处设有两个1.5cm的省，裤口线向上20cm处设有开衩，开衩处用纽扣装饰。见图2.2。

图2.1 裤口开衩九分直筒裤款式图

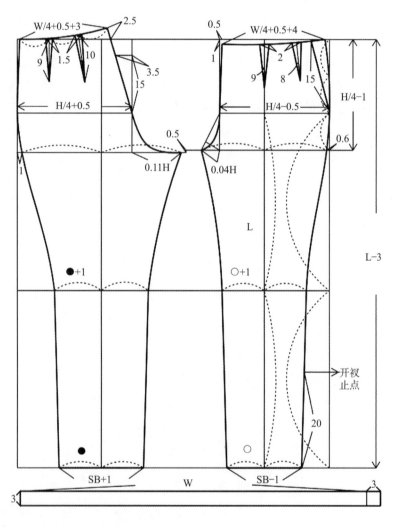

图2.2 裤口开衩九分直筒裤结构图

（注：这里SB为裤口宽，即为裤口的二分之一，后同。）

二、合体直筒西裤

（1）款式特点：该款属于标准女西裤造型，裤管挺直，臀围略紧，更加突出了直筒裤裤管挺直的造型。见图2.3。

（2）结构制图：裤长100cm，腰围70cm，臀围94cm，裤口40cm，腰头宽为3cm。立裆深为H/4，后裤片腰围处设有两个2cm的省，前裤片腰围处设有一个月亮型省道，省宽1cm，向侧缝画顺形成袋口造型。见图2.4。

图2.3　合体直筒西裤款式图

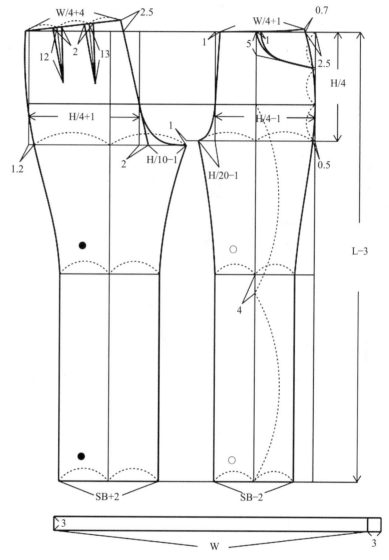

图2.4　合体直筒西裤结构图

三、前中心开衩九分直筒裤

（1）款式特点：裤子前中线位置设有分割线，裤口处设有开衩，配以九分裤长，整条裤子充满活力与时尚感。见图2.5。

（2）结构制图：裤长90cm，腰围70cm，臀围96cm，裤口42cm，腰头宽为4cm。立裆深为H/4-1cm，后裤片腰围处设有一个3cm的省，前裤片裤中线进行分割，并在距裤口线12cm处形成开衩。见图2.6。

图2.5　前中心开衩九分直筒裤款式图

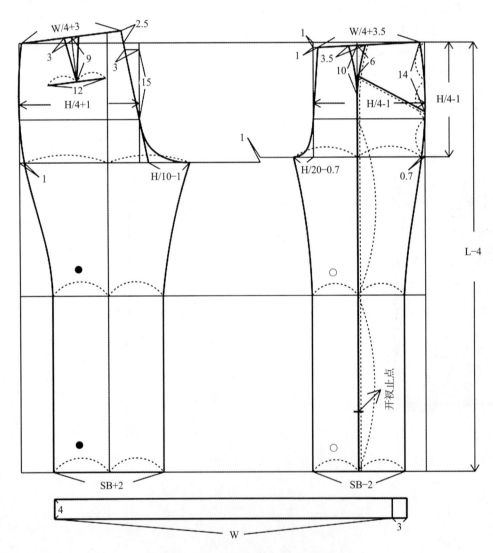

图2.6　前中心开衩九分直筒裤结构图

四、斜向门襟五分直筒裤

（1）款式特点：门襟斜裁形成活褶，具有
层次感，前膝盖处开假袋，五分裤长，直筒造
型，显得干练简洁，充满朝气。见图2.7。

（2）结构制图：裤长64cm，腰围70cm，
臀围96cm，裤口60cm，腰头宽为4cm。立裆
深为H/4-1cm，左前片在距门襟线3cm处做一
个16cm宽的褶，重叠的8cm与腰头搭门处缝
合。见图2.8。

图2.7　斜向门襟五分直筒裤款式图

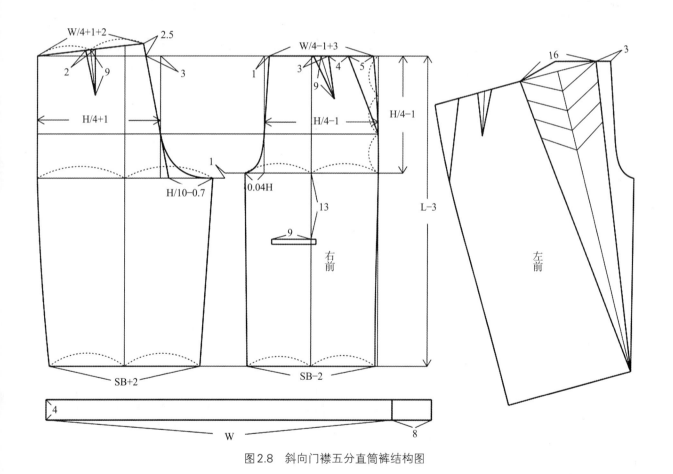

图2.8　斜向门襟五分直筒裤结构图

五、前裤片褶裥宽松直筒裤

（1）款式特点：在传统直筒裤的基础上，将裤腿加肥，并在前裤片臀围处设有褶裥，显得时尚新颖。见图2.9。

（2）结构制图：裤长108cm，腰围70cm，臀围104cm，裤口60cm，腰头宽为3cm。立裆深为H/4-1cm，前裤片立裆深上三分之一处展开4个褶裥，褶裥宽为2cm。见图2.10、图2.11。

图2.9　前裤片褶裥宽松直筒裤款式图

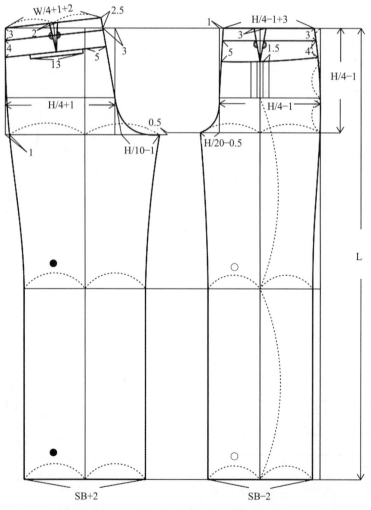

图2.10　前裤片褶裥宽松直筒裤结构图

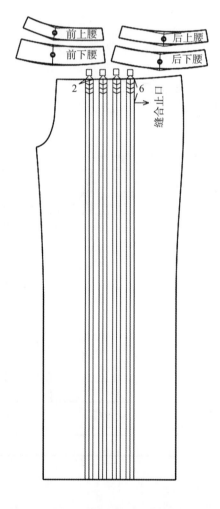

图2.11　前裤片褶裥宽松直筒裤结构图

六、低腰斜向分割五分直筒裤

（1）款式特点：独特省道造型设计，前裤片斜向省道配合明线，加上时尚低腰设计，彰显时尚个性。见图2.12。

（2）结构制图：裤长60cm，腰围70cm，臀围94cm，裤口40cm，腰头宽为3cm，立裆深为H/4−1cm，低腰4cm，前裤片斜向分割，裤口向上翻折。见图2.13。

图2.12　低腰斜向分割五分直筒裤款式图

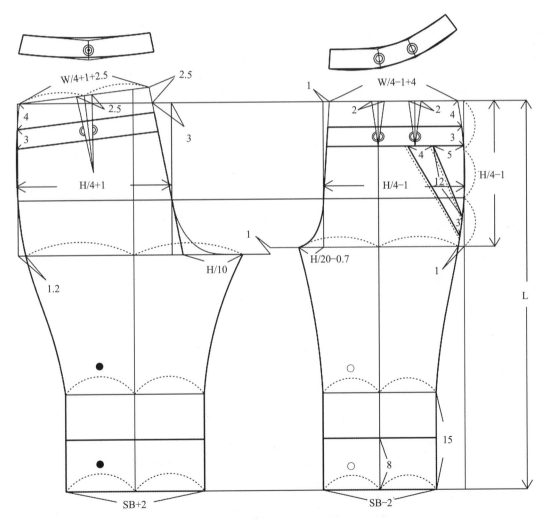

图2.13　低腰斜向分割五分直筒裤结构图

七、花苞腰九分直筒裤

（1）款式特点：独特的高腰造型，配合前门襟的明扣装饰，彰显时尚个性。见图2.14。

（2）结构制图：裤长96.3cm，腰围68cm，臀围98cm，裤口40cm，腰头分为4cm宽的腰座和5cm宽的花苞腰，立裆深为H/4−1cm，前门襟明扣装饰。见图2.15。

图2.14　花苞腰九分直筒裤款式图

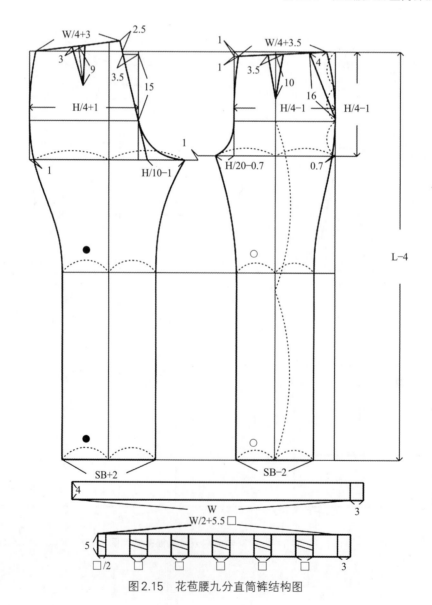

图2.15　花苞腰九分直筒裤结构图

八、特殊门襟高腰直筒裤

（1）款式特点：简洁的高腰剪裁，搭配独特剪裁的门襟设计，七分裤长加上烫挺的中缝线凸显腿部线型，整个造型时髦味足。见图2.16。

（2）结构制图：裤长84.5cm，腰围76cm，臀围96cm，裤口53cm，连腰设计和左前片前襟，立裆深为H/4−1cm，前后立裆落差1cm。见图2.17。

图2.16　特殊门襟高腰直筒裤款式图

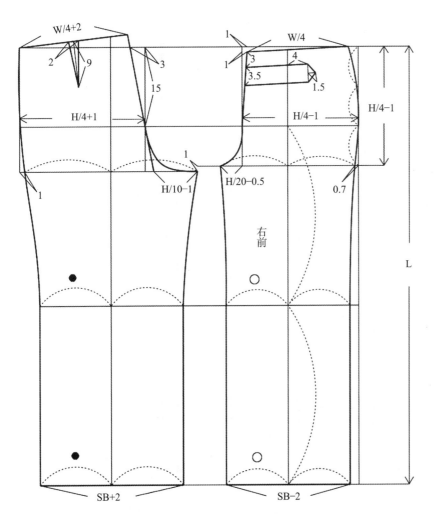
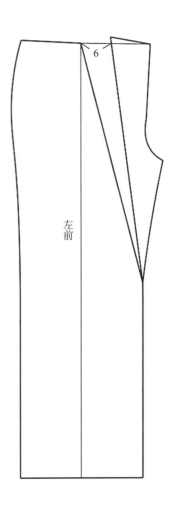

图2.17　特殊门襟高腰直筒裤结构图

九、高腰阔腿牛仔裤

（1）款式特点：中腰造型，简单的平插袋设计，袋口止线与侧缝相连，双侧缝线，前片采用单一省道，整体上呈高挑修长的感觉，简洁、美观。见图2.18。

（2）结构制图：裤长90cm，腰围71.2cm，臀围94cm，裤口60cm，腰头宽为4cm。立裆深为H/4，后裤片腰围处设有一个2cm的省，前裤片的裤中线位置有个3cm的省。前插袋止口与腰相距10cm。见图2.19。

图2.18　高腰阔腿牛仔裤款式图

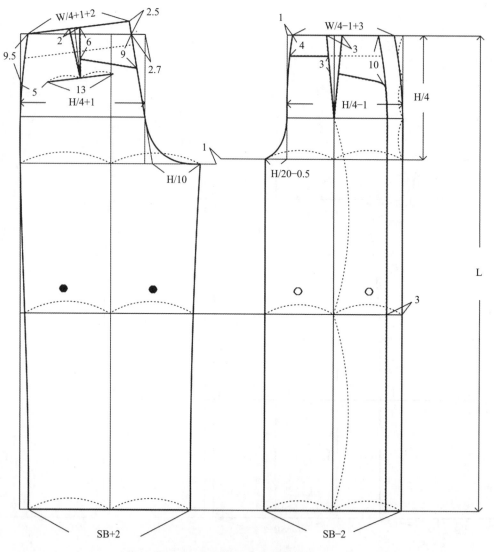

图2.19　高腰阔腿牛仔裤结构图

十、荷叶边装饰短裤

（1）款式特点：格纹面料搭配荷叶边修饰，高腰廓型短裤，腰部修身设计，前中圆形银色金属拉链装饰，左右裤腿多层荷叶边装饰，荷叶边红色密拷线装饰，显得短裤活泼可爱。见图2.20。

（2）结构制图：裤长52cm，腰围70cm，臀围101cm，高腰宽为4cm，后上裆倾斜增量为2cm，立裆深为H/4-1cm，前片收4cm省，后片收3cm省，荷叶边宽度为6cm。见图2.21。

图2.20　荷叶边装饰短裤款式图

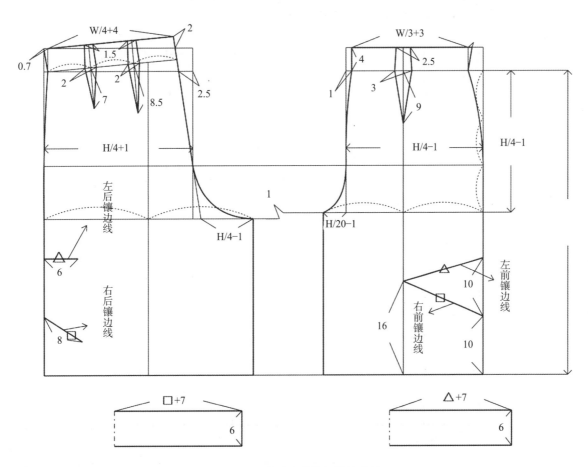

图2.21　荷叶边装饰短裤结构图

十一、不对称门襟休闲西装裤

（1）款式特点：不对称门襟，宽松的板型，起到了很好的修饰腿的作用，显得腿又长又直，前片的褶装饰给人活泼、灵动之感。此款式既适合上班通勤，又可日常出游。见图2.22。

（2）结构制图：裤长100cm，腰围76cm，臀围104cm，腰宽为4cm，上腰长为腰围加上19cm，后上裆倾斜增量为2.5cm，立裆深为H/4-1cm，前片褶量3.5cm，后片收一个3cm的省，前门襟撇出量为6cm。见图2.21。

图2.22　不对称门襟休闲西装裤款式图

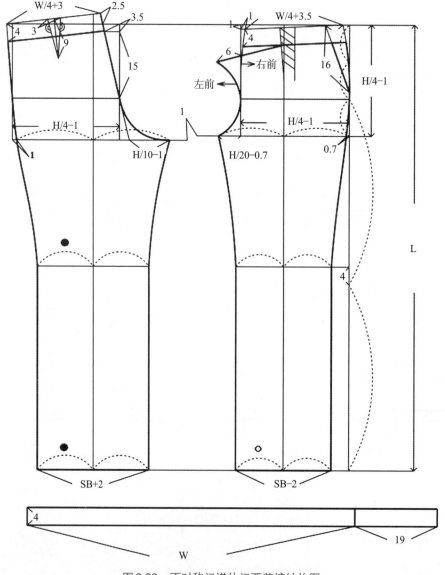

图2.23　不对称门襟休闲西装裤结构图

78

第三章 喇叭裤款式及结构设计实例

一、弹力紧身喇叭裤

（1）款式特点：面料的弹性使得裤子包裹性较好，微喇叭裤型拉伸了小腿长度，调整了腿型比例。见图3.1。

（2）结构制图：裤长100cm，腰围69cm，臀围84cm，裤口42cm，腰头宽为4cm。立裆深为H/4-1cm，膝围线取臀围线至裤口底边中点向上4cm，这样可以拉伸腿型，显得小腿更长。后片腰头和前片腰头采取上补下修方法使其圆顺。见图3.2。

图3.1 弹力紧身喇叭牛仔裤款式图

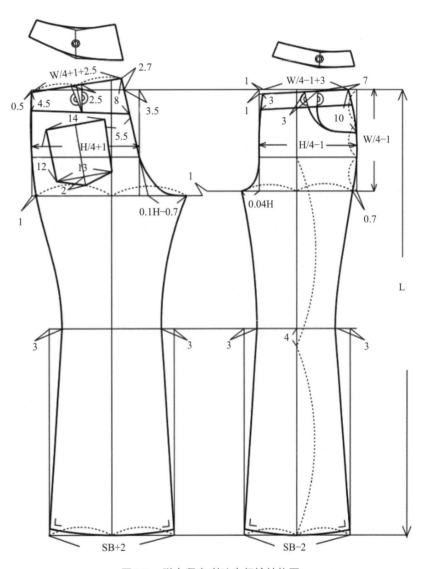

图3.2 弹力紧身喇叭牛仔裤结构图

二、前开衩喇叭裤

1.款式特点:中腰造型,前片没有明显的省道,膝盖处开始开衩并配有明扣,显得简单、干练。见图3.3。

(2)结构制图:裤长101cm,腰围75cm,臀围94cm,腰头宽为4cm,立裆深为H/4-1cm,前片收2.5cm的省,位置在口袋处。裤口为60cm。为了平衡裤底边,前片裤中线提高0.8cm,后片裤中线下落0.8cm。见图3.4。

图3.3 前开衩喇叭裤款式图

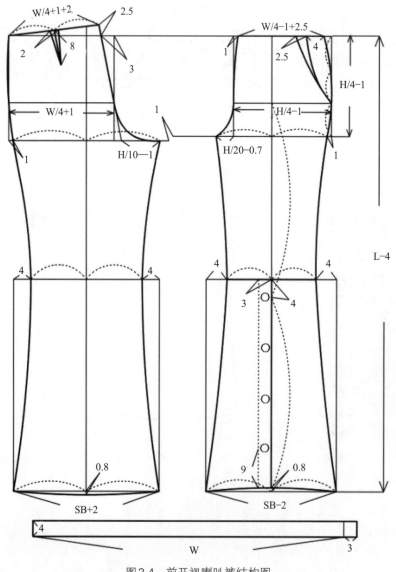

图3.4 前开衩喇叭裤结构图

三、修身中腰九分喇叭裤

（1）款式特点：紧身的中腰设计，突出女性性感腰部曲线，小腿部的分割设计使得裤子活泼、有特点。见图3.5。

（2）结构制图：裤长85cm，腰围74.5cm。臀围88.5cm，立裆深为H/4-1cm，腰头宽4cm，后片的省道转移到侧缝处，裤子下摆拼接长10cm，裤子腰头和后片的育克均要修顺。见图3.6、图3.7。

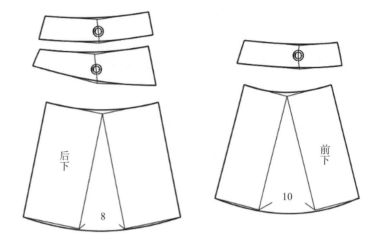

图3.6　修身中腰九分喇叭裤结构图

图3.5　修身中腰九分
喇叭裤款式图

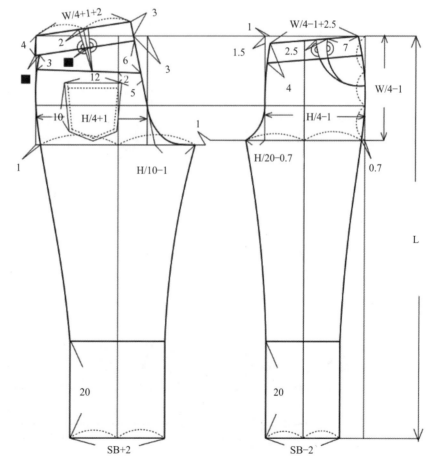

图3.7　修身中腰九分喇叭结构图

四、夸张造型复古喇叭裤

（1）款式特点：简约流畅的廓型融合中腰裁剪，美化身材比例，凸显腰部曲线，从膝盖处向下扩展的喇叭廓型，巧妙修饰双腿线条。见图3.8。

（2）结构制图：裤长109.5cm，腰围74cm。臀围94cm，立裆深为H/4-1cm，腰头宽3cm，裤口110cm，后片育克同样上部要修至圆顺。见图3.9。

图3.8　夸张造型复古喇叭裤款式图

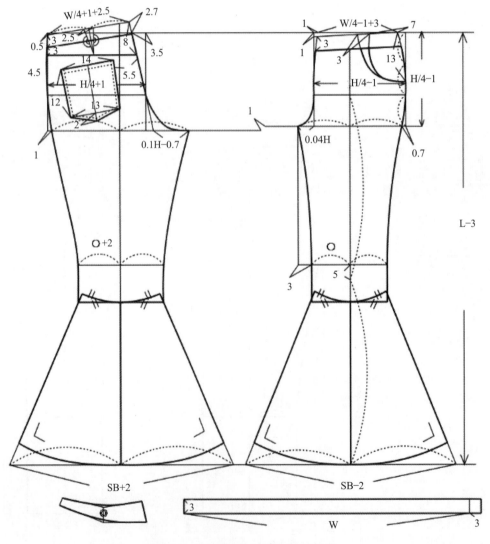

图3.9　夸张造型复古喇叭裤结构图

五、前挺缝线开衩喇叭裤

（1）款式特点：中腰设计，腰臀部侧缝曲度大，前中缝分割设计，裤底摆开衩凸显女性小腿曲线。见图3.10。

（2）结构制图：裤长105.5cm，腰围75cm。臀围90cm，立裆深为H/4−1cm，腰头宽3cm，在裤片上直接分割出腰头，合并省道、修顺腰头，前挺缝线在脚口处左右各收进3cm。见图3.11。

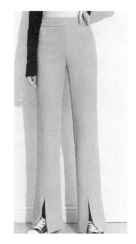

图3.10　前挺缝线开衩喇叭裤款式图

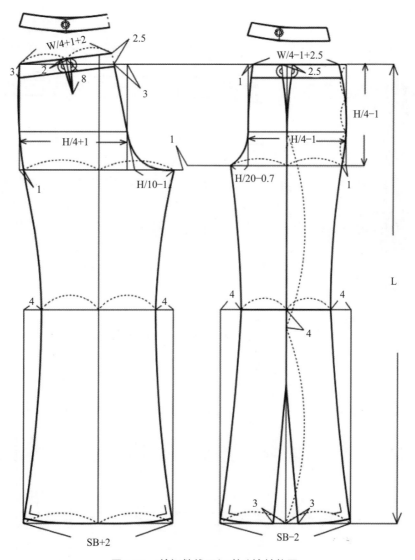

图3.11　前挺缝线开衩喇叭裤结构图

六、斜裁设计喇叭裤

（1）款式特点：中腰裁剪，复古优雅的喇叭裤型，加入独特的斜裁设计，修饰了腿形又拉伸了腿部。见图3.12。

（2）结构制图：裤长87cm，腰围72cm。臀围82cm，立裆深为H/4-1cm，腰头宽3cm，在裤片上直接分割出腰头，合并省道修顺腰头，裤口64cm，前片分割片展开16cm。见图3.13、图3.14。

图3.14　斜裁设计喇叭裤结构图

图3.12　斜裁设计喇叭裤款式图

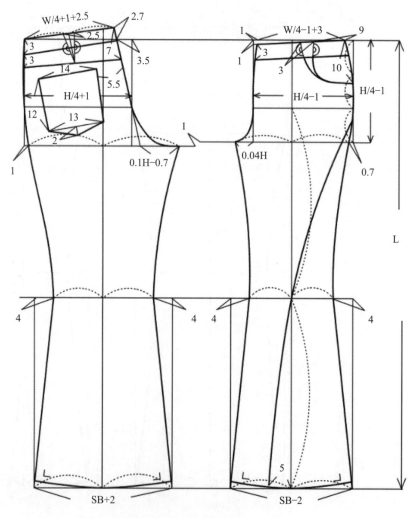

图3.13　斜裁设计喇叭裤结构图

七、多片分割喇叭裤

（1）款式特点：裤片采用竖向分割，裤腿
采用鱼尾造型，显得腿型修长且时尚又独特。
见图3.15。

（2）结构制图：裤长103cm，腰围70cm，
臀围78cm，立裆深为H/4-1cm，腰头宽3cm。
中腰设计，在裤片上直接分割出腰头，合并
省道修顺腰头。后片在臀围处弧线分割至裤
口。此裤子纵向分割线各向外放出10cm。见图
3.16。

图3.15　多片分割喇叭裤款式图

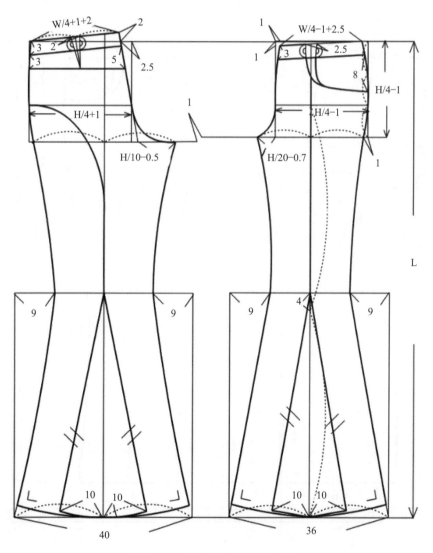

图3.16　多片分割喇叭裤结构图

八、八分微喇叭裤

（1）款式特点：在直筒裤板型基础上在膝盖处略微收小了点，形成一条简单、修身的八分微喇叭裤。见图3.17。

（2）结构制图：裤长86cm，腰围75cm，臀围89cm。立裆深为H/4-1cm。中腰绱腰款设计，腰头宽3cm。裤子上没有多余的省道处理，所以腰臀差分配到前片的口袋位设置省量及侧缝困势中，后片是困势及2cm省量。见图3.18。

图3.17　八分微喇叭裤款式图

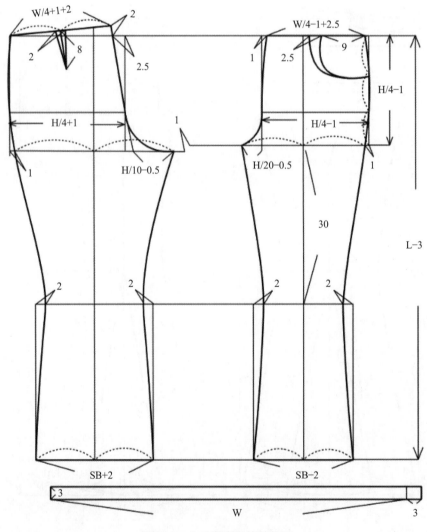

图3.18　八分微喇叭裤结构图

86

九、多片斜裁喇叭裤

（1）款式特点：裤子采用纵向斜裁设计，前片分割造型夸张，利用牛仔面料的弹性构造女性曲线。见图3.19。

（2）结构制图：裤长104cm，腰围72cm，臀围94cm，膝围20.8cm，脚口50cm，立裆深为H/4-1cm。前后片省道转移到腰部横向分割线里。前片分割线将膝围线分成三份，侧缝向外放量3cm。后片纵向从腰部中点与后挺缝线相切交至裤口中心点，并向外放量3cm，后片侧缝线向外放量6cm。见图3.20。

图3.19　多片斜裁喇叭裤款式图

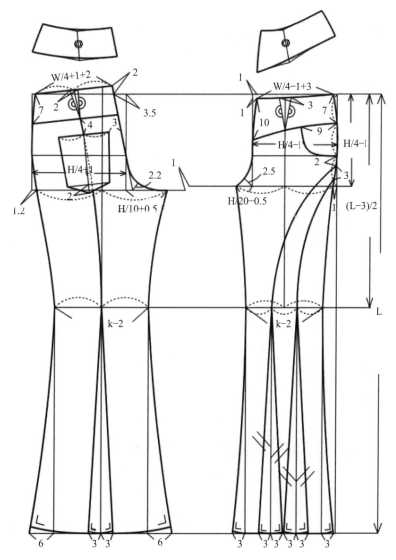

图3.20　多片斜裁喇叭裤结构图

十、散口毛边喇叭牛仔裤

（1）款式特点：复古喇叭牛仔裤，运用开衩工艺塑造时髦散口毛边牛仔裤。见图3.21。

（2）结构制图：裤长104cm，腰围66cm。臀围80cm，脚口68cm，立裆深为H/4-1cm。裤子前片做斜向分割线，高低差值为13cm，内缝线向上20cm处做斜边处理，分割片展开10cm。见图3.22、图3.23。

图3.21　散口毛边喇叭牛仔裤款式图

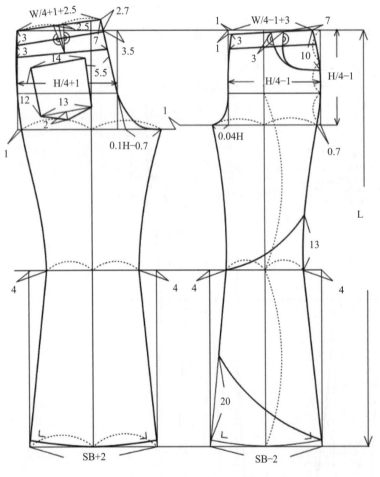

图3.22　散口毛边喇叭牛仔裤结构图

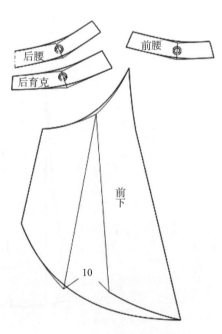

图3.23　散口毛边喇叭牛仔裤结构图

十一、侧缝线前倾喇叭裤

（1）款式特点：裤子侧缝线偏移到前片挺缝线上，前低后高的中腰设计，前中小开衩，尽显小腿肌肤与线条。见图3.24。

（2）结构制图：裤长94cm，腰围70cm，臀围92cm，裤口50cm，立裆深为H/4−1cm。后腰片和前腰片及后育克合并省道后修顺，前分割线开衩2.5cm。见图3.25。

图3.24　侧缝线前倾喇叭裤款式图

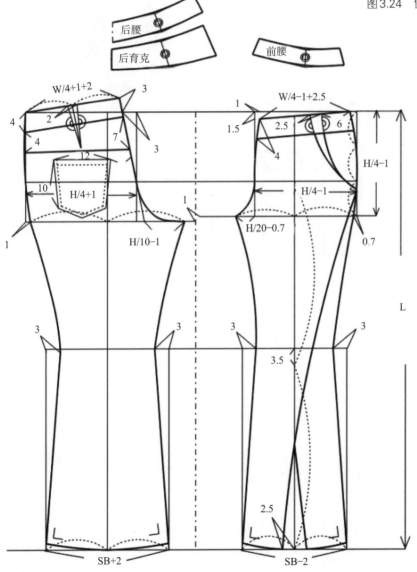

图3.25　侧缝线前倾喇叭裤结构图

第四章 锥形裤款式及结构设计实例

一、九分西装锥形裤

（1）款式特点：前片没有多余省量处理，与传统西裤相比更加修身，后片利用育克包裹臀型。见图4.1。

（2）结构制图：裤长93cm，腰围69cm，臀围94cm，裤口30cm，腰头宽为4cm。立裆深为H/4-1cm，修顺腰头曲线，叠门3cm，后片腰省转移到臀围。见图4.2。

图4.1 九分西装锥形裤款式图

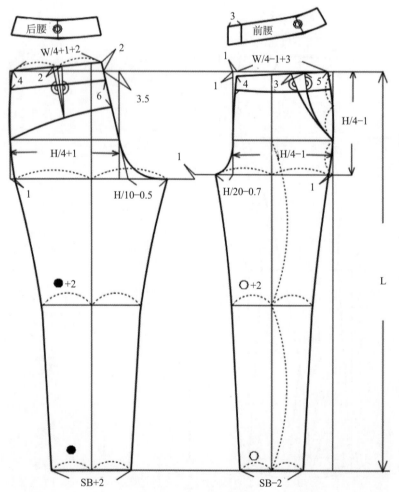

图4.2 九分西装锥形裤结构图

二、褶裥九分锥形裤

（1）款式特点：偏向哈伦裤的设计款式，上宽下窄，掩饰女性胯部围度，小腿收进更显腿型。见图4.3。

（2）结构制图：裤长94cm，腰围70cm，臀围98cm，裤口33cm，腰头宽为6cm。立裆深为H/4-1cm，修顺腰头曲线，叠门3cm。前片兜位中点指向裤挺缝线展开9cm褶。见图4.4、图4.5。

图4.3 褶裥九分锥形裤款式图

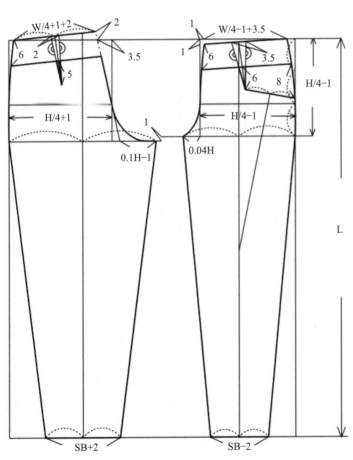

图4.4 褶裥九分锥形裤结构图

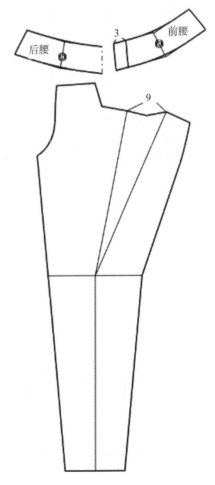

图4.5 褶裥九分锥形裤结构图

三、翻腰款锥形裤

（1）款式特点：W形双层腰与侧隐形拉链，后臀收省且连一字嵌线袋，干练整洁。见图4.6。

（2）结构制图：裤长89cm，腰围73cm，臀围96cm，裤口29cm，立裆深为H/4−1cm。连腰设计，前片有W形叠腰，收3cm褶量，前褶缝合线长15cm。见图4.7。

图4.6　翻腰款锥形裤款式图

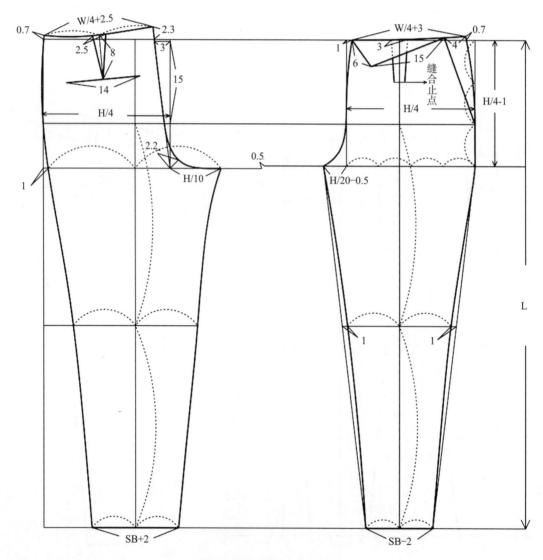

图4.7　翻腰款锥形裤结构图

四、后松紧腰锥形裤

（1）款式特点：前片绱腰、后片松紧腰设计，能够自由穿脱。前片纵向分割修饰腿型，上宽下窄的款式适合胯部宽大的女性。见图4.8。

（2）结构制图：裤长92cm，臀围98cm，裤口28cm，立裆深为H/4−1cm。前片是绱腰结构，合并腰头注意修顺曲线，后片是松紧腰，所以后片腰围大是H/4cm，前片有相切于挺缝线的纵向分割线，脚口收3cm褶量。见图4.9。

图4.8　后松紧腰锥形裤款式图

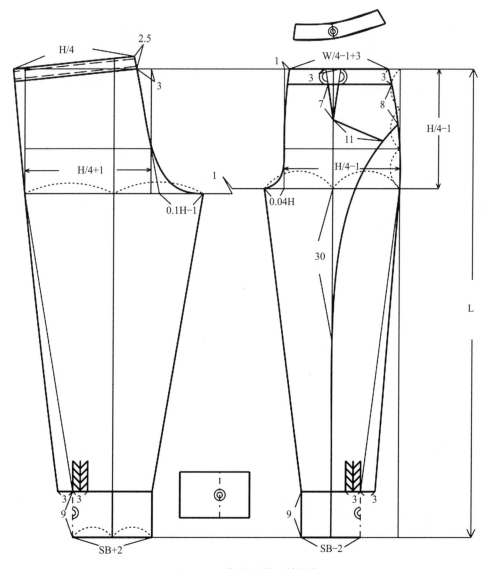

图4.9　后松紧腰锥形裤结构图

五、拼接复古高腰小脚牛仔裤

（1）款式特点：高腰复古设计，搭配两个一字翻盖口袋，纵向的分割和裤口的毛边设计，显得时尚感十足。见图4.10。

（2）结构制图：裤长93cm，腰围72cm，臀围92cm，裤口28cm。立裆深为H/4-1cm。前片是绱腰结构，腰围线上4cm做高腰款，共7cm宽，后片腰部下做一个育克。见图4.11。

4.10 拼接复古高腰小脚牛仔裤款式图

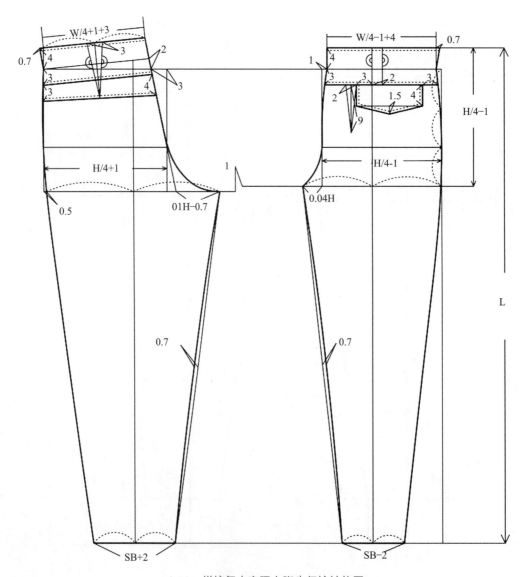

4.11 拼接复古高腰小脚牛仔裤结构图

六、哈伦小脚裤

（1）款式特点：宽松哈伦裤设计，高腰复古设计，前片打活褶，遮盖女性腹部。见图4.12。

（2）结构制图：裤长95cm，腰围68~92cm，臀围104cm，裤口26cm，立裆深为H/4-1cm。裤子是松紧腰结构，腰头宽3cm，长度为H-6cm，前片打一个3cm的褶。见图4.13。

4.12　哈伦小脚裤款式图

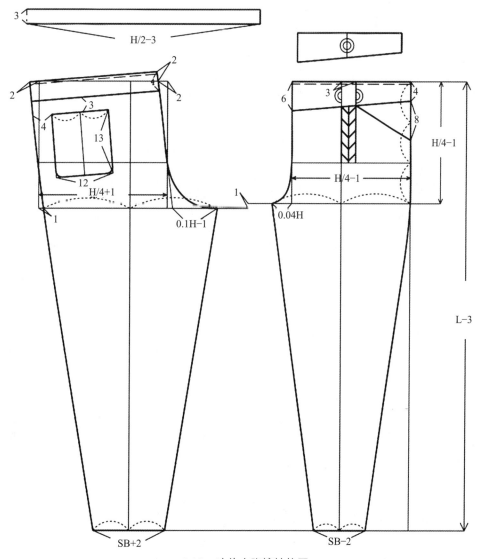

4.13　哈伦小脚裤结构图

七、不规则翻边小脚裤

（1）款式特点：宽松哈伦裤设计，松紧腰，穿脱方便，舒服美观。裤子的裤口是前短后长的不规则设计。见图4.14。

（2）结构制图：裤长89cm，腰围参照臀围，臀围97cm，裤口30cm，立裆深为H/4-1cm。裤子是松紧腰结构，腰头前宽6cm，后宽3cm。前裤脚口抬高3cm，并有4cm的折边。见图4.15、图4.16。

图4.14　不规则翻边小脚裤款式图

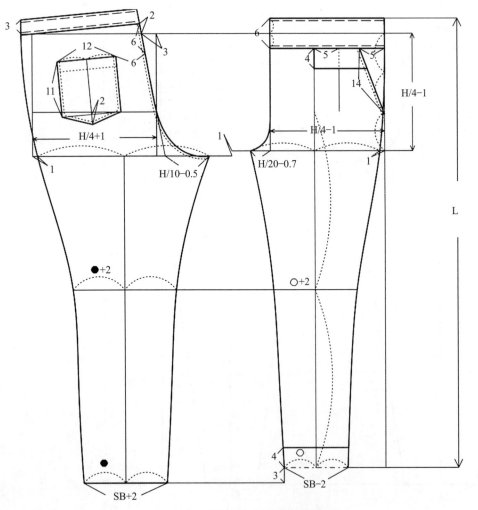

图4.15　不规则翻边小脚裤结构图

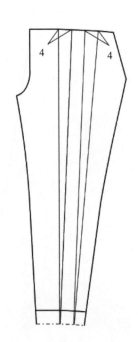

图4.16　不规则翻边小脚裤结构图

八、收口小脚哈伦裤

（1）款式特点：后片的一字口袋装饰，提
升臀部线条，塑造翘臀。脚口的收褶设计，巧
妙修饰腿部不足，显高显瘦。见图4.17。

（2）结构制图：腰围70cm，臀围96cm，
裤长94cm，裤口32cm。腰头宽4cm，合并省
道后修顺，搭门3cm。裤口打褶共4cm，缝合
止点高16cm。见图4.18。

图4.17 收口小脚哈伦裤款式图

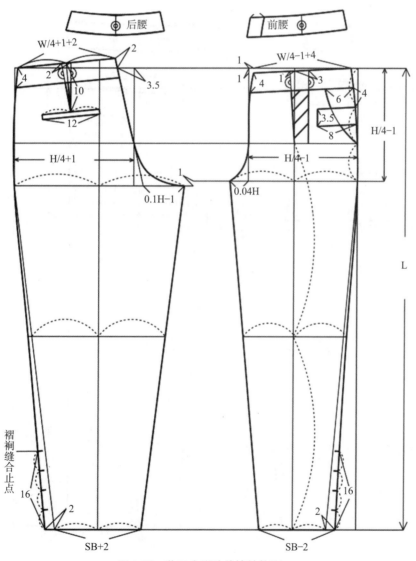

图4.18 收口小脚哈伦裤结构图

九、长搭门宽松锥形裤

（1）款式特点：白色裤子线条简洁，时尚大方。宽腰长搭门的设计更显个性。见图4.19。

（2）结构制图：低腰设计，腰围72cm，臀围95cm，裤长95cm，裤口35cm，立裆长H/4cm，腰头宽5cm。前腰头右侧比左侧长6cm。前片收3.5cm活褶。见图4.20。

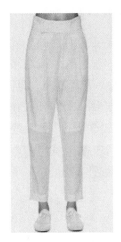

图4.19 长搭门宽松锥形裤款式图

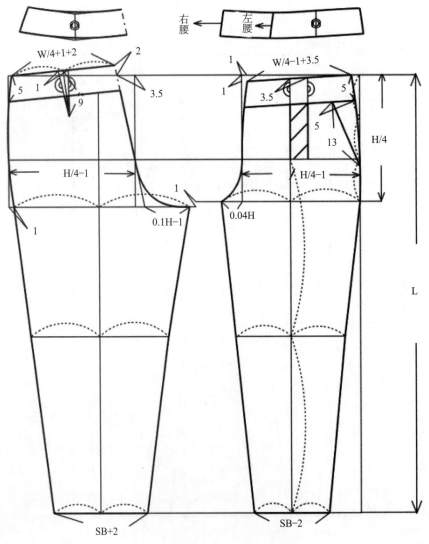

图4.20 长搭门宽松锥形裤结构图

十、高腰脚口开衩小脚西裤

（1）款式特点：高腰西裤设计，简洁干练。脚口前短后长并伴有小开衩，在正式的同时又有独特气质。见图4.21。

（2）结构制图：腰围72cm，臀围98cm，裤长92cm，裤口30cm，腰头宽3.5cm。立裆深为H/4−1cm，膝围宽比脚口宽大4cm，前裤片长上抬2cm，脚口开衩4cm。见图4.22。

图4.21 高腰脚口开衩小脚西裤款式图

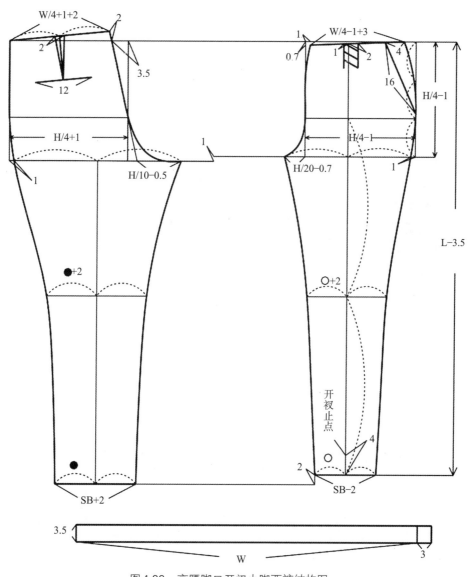

图4.22 高腰脚口开衩小脚西裤结构图

第五章 裙裤款式及结构设计实例

一、夸张双侧袋裙裤

（1）款式特点：高腰搭配双侧袋，宽大的裙裤设计，遮挡腿部，显瘦。见图5.1。

（2）结构制图：腰围72cm，臀围98cm，裤长89cm，裤口102cm，立裆H/4+1cm，腰头宽3cm，搭门3cm，前侧片和后侧片分别展开15cm。见图5.2、图5.3。

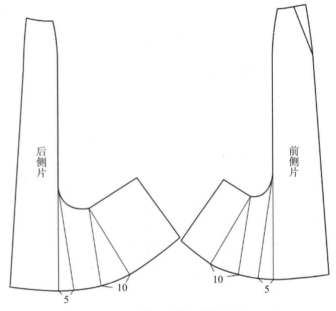

图5.2 夸张双侧袋裙裤结构图

图5.1 夸张双侧袋裙裤款式图

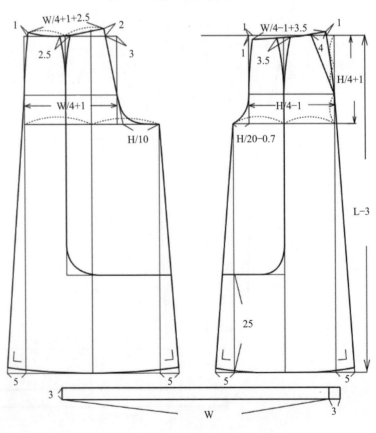

图5.3 夸张双侧袋裙裤结构图

100

二、高腰不规则侧缝裙裤

（1）款式特点：上下拼接的款式，上端稍合体，下端是夸张裙裤造型，搭配独特的刺绣，显得个性十足。见图5.4。

（2）结构制图：腰围72cm，臀围94cm，裤长81cm，裤口80cm，立裆H/4+1.5cm。裤后片与前片相重叠，高腰部分合并省道并修顺。见图5.5、图5.6。

图5.4　高腰不规则侧缝裙裤款式图

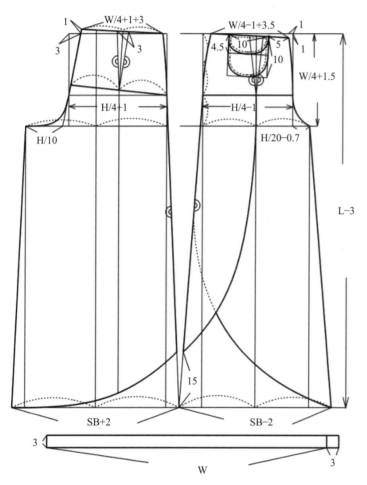

图5.5　高腰不规则侧缝裙裤结构图

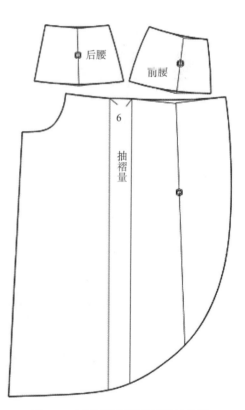

图5.6　高腰不规则侧缝裙裤结构图

三、侧边高开衩裙裤

（1）款式特点：几何剪裁的侧缝高开衩，隐现美腿线条，修饰腿型，搭配垂感面料，显得洒脱飘逸。见图5.7。

（2）结构制图：腰围74cm，裤长105cm，臀围94cm，臀围加放量17cm，立裆H/4+1cm，腰头宽4cm，搭门3cm，腰带长150cm、宽4cm。侧缝线分别向外放量5cm。见图5.8。

图5.7　侧边高开衩裙裤款式图

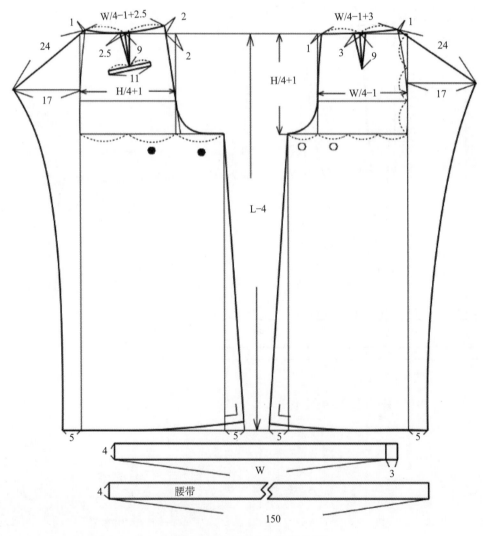

图5.8　侧边高开衩裙裤结构图

四、假裙式裙裤

（1）款式特点：中高腰设计，
束腰收腹。斜插口袋简洁大方，
时尚实用。里短外长的裤口，更
显年轻。见图5.9。

（2）结构制图：腰围72cm，
臀围98cm，裤长95cm，裤口
64cm，立裆H/4+2cm。裤内侧缝
与外侧缝差值10cm，前后裤片收
3cm省，前外层贴布注意转省处
理。见图5.10、图5.11。

图5.9　假裙式裙裤款式图

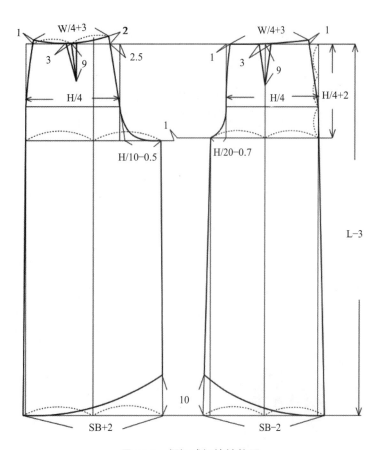

图5.10　假裙式裙裤结构图

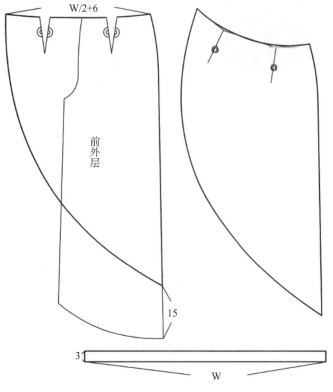

图5.11　假裙式裙裤结构图

五、规律褶裥裙裤

（1）款式特点：高腰设计，勾勒腰部曲线。规律褶裥造型富有层次感。大伞摆阔腿造型，优雅时尚。见图5.12。

（2）结构制图：腰围70cm，臀围127cm，裤长94.5cm。腰部收3cm省，平均到前后片的褶量中去，高腰腰头宽3.5cm，搭门3cm。裤侧缝外扩3cm。前后片褶展开量5cm。见图5.13、图5.14。

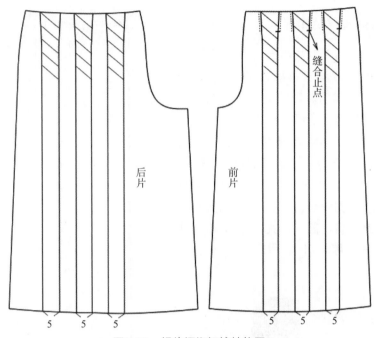

图5.13 规律褶裥裙裤结构图

图5.12 规律褶裥裙裤款式图

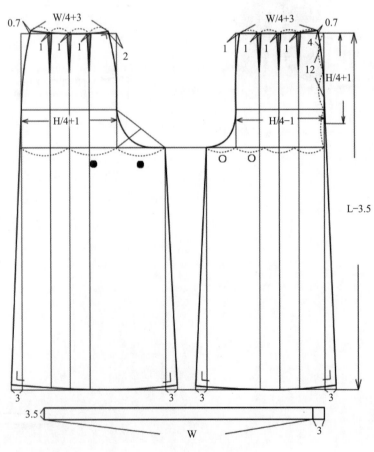

图5.14 规律褶裥裙裤结构图

104

六、斜襟阔腿裤

（1）款式特点：腰部简单的抓褶。裤身不规律的压褶，使整体呈现出裙子的浪漫褶皱。见图5.15。

（2）结构制图：腰围70cm，臀围94cm，裤长68.5cm，裤口80cm，立裆H/4+1cm，腰头宽3cm，搭门3cm。前片左右不对称，右裤片展开16cm。见图5.16、图5.17。

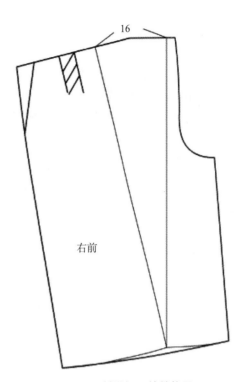

图5.16　斜襟阔腿裤结构图

图5.15　斜襟阔腿裤款式图

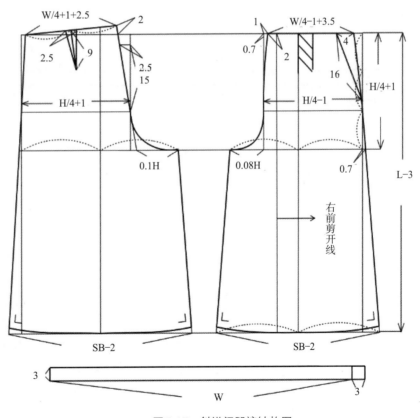

图5.17　斜襟阔腿裤结构图

七、荷叶木耳边半身裙裤

（1）款式特点：裙裤假两件的设计，拼接圆弧布料，缝制后成波浪效果。见图5.18。

（2）结构制图：腰围70cm，臀围93cm，裤长37.5cm。腰头宽3cm，立裆深为H/4，落裆2cm。前片收3cm弧形省，后片腰线中间收2.5cm的省，前片荷叶边上展开三部分，分别加放量8cm、15cm、20cm，缝制时一边与裤片相缝合一边均匀收褶。见图5.19、图5.20。

图5.18　荷叶木耳边半身裙裤款式图

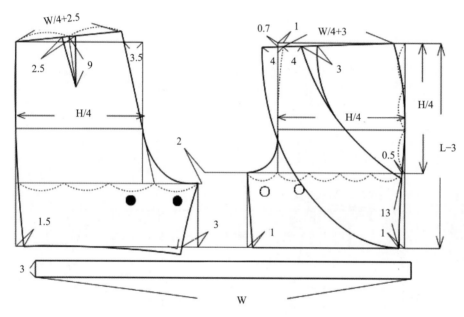

图5.19　荷叶木耳边半身裙裤结构图

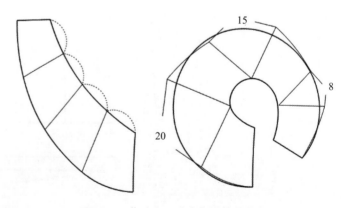

图5.20　荷叶木耳边半身裙裤结构图

106

八、假两层裙裤

（1）款式特点：此设计是在裤子外层多加了一层修饰布，更能显示女性化之感。配合轻薄、透明的面料增添柔性之美。见图5.21。

（2）结构制图：腰围70cm，臀围94cm，裤长89cm。立裆H/4+1cm，裤片侧缝外扩1cm。外层装饰布廓型与内层裤子相同，比裤子短15cm。见图5.22。

图5.21　假两层裙裤款式图

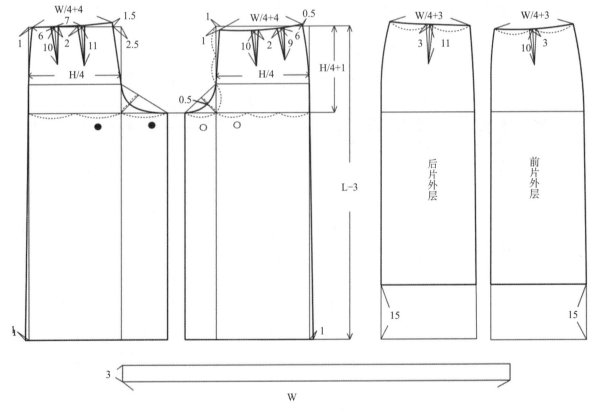

图5.22　假两层裙裤结构图

九、前片侧开衩高腰裙裤

（1）款式特点：腰部气眼穿绳设计，使用清爽透气面料，裤口上开衩设计。见图5.23。

（2）结构制图：腰围75cm，臀围98cm，裤长86cm。高腰腰头宽4cm，立裆深H/4+1cm，裤前片省尖点垂线处30cm开衩设计，衩宽4cm。见图5.24。

图5.23　前片侧开衩高腰裙裤款式图

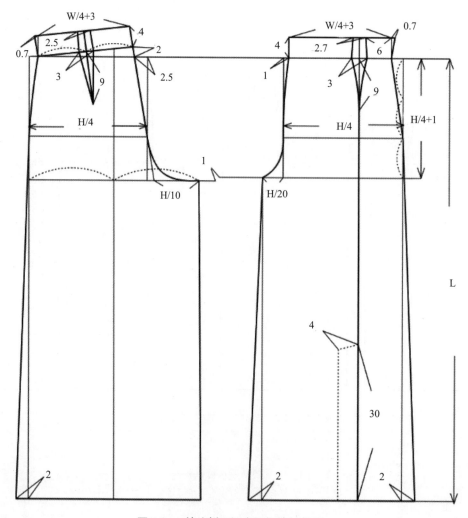

图5.24　前片侧开衩高腰裙裤结构图

十、高腰松紧裙裤

（1）款式特点：高腰，前片有褶皱，后片增加松紧腰结构，方便穿脱，显得清爽自然。见图5.25。

（2）结构制图：腰围70cm，臀围135cm，裤口70cm，裤长55cm，立裆深为H/4+2cm。绱腰结构，腰头宽4cm。前片腰头下方有分割设计，收褶3cm。后片横向展开15cm。前后片裤口外扩3cm。见图5.26、图5.27。

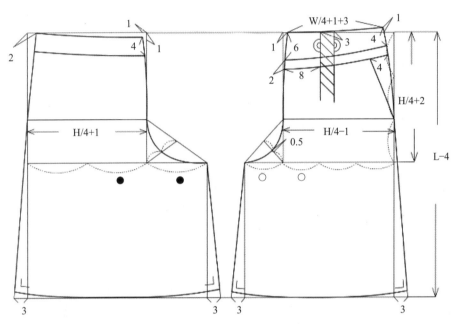

图5.26　高腰松紧裙裤结构图

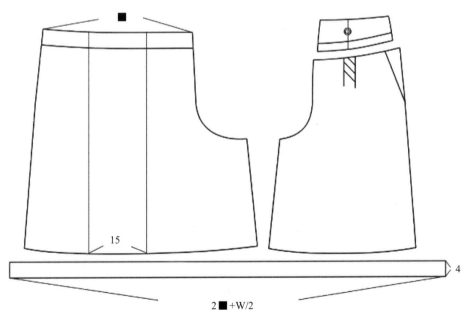

图5.27　高腰松紧裙裤结构图

十一、底摆不规则裙裤

（1）款式特点：灵动飘逸的设计，凸显小腿曲线，侧缝处的叠层处理，更显活力。如图5.28。

（2）结构制图：腰围72cm，臀围98cm，裤口142cm，裤长56cm，立档H/4+1cm，腰头宽3cm。裤口圆弧设计，内外侧差25cm。前后片分别自然展开。见图5.29、图5.30。

图5.28　底摆不规则裙裤款式图

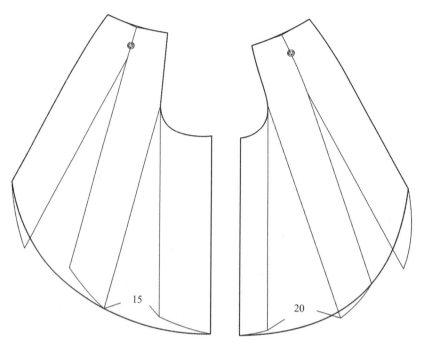

图5.29　底摆不规则裙裤结构图

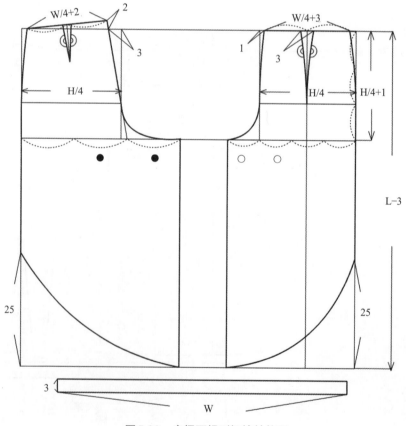

图5.30　底摆不规则裙裤结构图

参考文献

[1] 王雪筠. 图解服装裁剪与制板技术[M]. 北京: 中国纺织出版社，2015.

[2] 张文斌. 服装结构设计[M]. 北京: 中国纺织出版社，2006.

[3] 刘瑞璞. 服装纸样设计原理与技术——女装编[M]. 北京: 中国纺织出版社，2005.

图书在版编目（CIP）数据

时尚女下装100款及裁剪 / 张宁, 邹平编著. — 上海：
东华大学出版社，2021.6
ISBN 978-7-5669-1851-2

Ⅰ.①时… Ⅱ.①张… ②邹… Ⅲ.①女服—服装量
裁—图解 Ⅳ.①TS941.717-64

中国版本图书馆CIP数据核字（2021）第120764号

责任编辑：谭　英

封面设计：Marquis

时尚女下装100款及裁剪

SHISHANG NVXIAZHUANG 100-KUAN JI CAIJIAN

邹平　张宁　编著

东华大学出版社出版

上海市延安西路1882号

邮政编码：200051　电话：（021）62193056

出版社网址：http://dhupress.dhu.edu.cn

天猫旗舰店：http://dhdx.tmall.com

印刷：上海盛通时代印刷有限公司

开本：889 mm×1194 mm　1/16　印张：8　字数：277千字

2021年6月第1版　2021年6月第1次印刷

ISBN 978 - 7 - 5669 - 1851 - 2

定价：37.00元